Marcellin Berthelot

La Chimie dans l'antiquité et au moyen-âge

essai

Le code de la propriété intellectuelle du 1er juillet 1992 interdit en effet expressément la photocopie à usage collectif sans autorisation des ayants droit. Or, cette pratique s'est généralisée dans les établissements d'enseignement supérieur, provoquant une baisse brutale des achats de livres et de revues, au point que la possibilité même pour les auteurs de créer des oeuvres nouvelles et de les faire éditer correctement est aujourd'hui menacée. En application de la loi du 11 mars 1957, il est interdit de reproduire intégralement ou partiellement le présent ouvrage, sur quelque support que ce soit, sans autorisation de l'Editeur ou du Centre Français d'Exploitation du Droit de Copie , 20, rue Grands Augustins, 75006 Paris.

ISBN : 978-1535580946

10 9 8 7 6 5 4 3 2 1

Marcellin Berthelot

La Chimie dans l'antiquité et au moyen-âge

essai

Table de Matières

I. LES GRECS, LES LATINS, LES SYRIENS.   6

II. LES ARABES.   30

I. LES GRECS, LES LATINS, LES SYRIENS.

La science moderne est fille de la science antique, c'est-à-dire de la science grecque : ce sont les Grecs qui ont constitué la science sous la forme que nous connaissons aujourd'hui. En effet, avant les Grecs, il n'existait pas de science rationnelle proprement dite, dégagée de toute attache mystique et sacerdotale. Si l'astronomie était cultivée en Égypte et en Chaldée, c'était d'abord pour fixer les époques des fêtes religieuses, et en maintenir la corrélation avec les phénomènes naturels de l'agriculture. C'était aussi pour déterminer les enchaînements mystérieux que l'astrologie fixait entre la position des astres et les événements privés ou publics, d'après cette croyance que la vie des hommes et le développement des phénomènes étaient déterminés par la fatalité des influences sidérales qui avaient présidé à leur naissance. La géométrie et la mécanique avaient été poussées assez loin à Babylone, à Thèbes et à Memphis, dans leurs applications au mesurage des champs et à la construction des édifices, comme en témoigne l'étude des monuments indestructibles de la vieille Égypte : l'équilibre de ceux de la Chaldée, construits en briques, effondrés aujourd'hui, avait exigé des connaissances du même ordre, peut-être encore plus développées. Mais les opérations de l'une et de l'autre étaient toujours accompagnées de prières et d'invocations magiques. Dans un autre ordre, c'est sur les traitements que l'on faisait subir aux métaux, aux poteries, aux verres colorés, aux étoffes teintes, que la science expérimentale s'est exercée d'abord, et la perfection des pratiques d'alors est attestée par les débris des civilisations rassemblés dans nos musées. Or les vieux manuscrits alchimiques nous disent que ces pratiques étaient exposées dans le *Livre du Sanctuaire du temple*. La médecine y reconnaît aussi ses origines. Ce n'était pas là une vaine métaphore. Les temples, en effet, étaient dans l'Orient antique le dépôt de toute science : aujourd'hui même c'est autour des mosquées que se groupe tout l'enseignement musulman. Mais les membres du sacerdoce d'autrefois n'auraient jamais imaginé que leur double rôle de prêtre et de savant pût être distingué. Ils associaient les pratiques scientifiques avec les prières et les rites religieux, dont l'accomplissement était réputé indispensable pour celui des opérations elles-mêmes. La notion

Marcellin Berthelot

du miracle, accordé par la faveur des dieux et au besoin imposé à leur volonté par les formules de la magie, était jugée inséparable de l'action secrète des forces naturelles.

Ce furent les Grecs qui opérèrent la disjonction et qui fondèrent ainsi, à partir du VIe siècle avant notre ère, la science rationnelle, dépouillée de mystère et de magie, telle que nous la pratiquons maintenant. L'époque alexandrine vit le triomphe de la nouvelle méthode : alors l'astronomie fut pleinement dégagée de l'astrologie, la géométrie séparée des rites antiques des *agrimensores*, la médecine et la chirurgie débarrassées des pèlerinages et des pratiques superstitieuses, la chimie rendue indépendante des incantations par lesquelles on croyait assurer le succès des manipulations.

Il en fut ainsi, en principe du moins et pour les esprits les plus éclairés. Car la partie mystique et charlatanesque de ces sciences, leur association avec les prières et les invocations mystérieuses, ne disparurent pas subitement. Elles persistèrent dans l'antiquité ; elles reprirent même une nouvelle faveur, à mesure que la culture antique tombait en décadence. Elles furent aussi en honneur pendant tout le moyen âge, et elles règnent encore en Orient.

La science européenne a repris peu à peu, depuis le XVIe siècle, la ferme tradition des philosophes helléniques ; elle s'est débarrassée du vieil attirail des dogmes et des opérations chimériques et elle a poursuivi sans relâche la construction de l'édifice fondé par les Grecs. Si le travail accumulé des générations l'a élevée à une hauteur non soupçonnée des anciens et s'il en a étendu les applications dominatrices à toutes les branches de l'organisation sociale, cependant nous avons le droit de dire que nos méthodes et notre esprit moderne ne seraient certes pas désavoués par un Archimède ou par un Aristarque de Samos : à la lecture de nos ouvrages, ils reconnaîtraient leurs légitimes héritiers.

Mais entre la science grecque et celle des modernes, il y a un intervalle de plus de seize siècles, pendant lequel la transmission des faits, des idées, des méthodes, n'a pas eu lieu directement. Elle s'est effectuée par des intermédiaires, d'un esprit moins ferme et imbus des anciens préjugés. De là un mélange de raison pure et de mysticisme, qui a dominé la science vers la fin de l'empire romain

I. LES GRECS, LES LATINS, LES SYRIENS.

et pendant tout le moyen âge. En raison même de cette association de deux éléments contraires, et devenus depuis inconciliables, la science gréco-alexandrine a pris une figure étrange, aux débuts de l'ère chrétienne, à une époque où le pur rationalisme de Démocrite, d'Aristote et de leurs premiers disciples avait fléchi. De là ce curieux amalgame, où les notions positives de la chimie proprement dite se confondent avec les rêveries du gnosticisme et les derniers restes des traditions religieuses de la vieille Égypte. Ce mélange a duré même en chimie plus longtemps que dans toute autre science, et c'est seulement à la fin du siècle dernier que la chimie s'est affranchie complètement de ces idées singulières et constituée sous une forme purement scientifique. La longue histoire de ses progrès successifs et de ses tentatives systématiques, à la fois dans l'ordre pratique et dans l'ordre philosophique, est des plus remarquables, et je me propose d'esquisser aujourd'hui le tableau de l'une des périodes les plus intéressantes de cette histoire : je veux parler de la période qui a suivi l'époque alexandrine et qui a précédé la connaissance et l'acclimatation définitive de l'alchimie, au XIIIe siècle, dans l'Europe occidentale.

Cette étape est dominée par le nom des Arabes, auxquels les écrivains les plus répandus rattachent en général les progrès accomplis depuis les Grecs dans la plupart des sciences. Souvent même on a été jusqu'à attribuer aux Arabes la découverte même de la chimie, opinion qui tombe devant la connaissance exacte des auteurs originaux.

J'ai consacré près de dix ans à ces études, et publié pour la première fois les textes des chimistes grecs d'abord, puis ceux des chimistes syriens et arabes, demeurés jusque-là ensevelis dans les grandes bibliothèques de Paris, de Londres et de Leyde ; on dédaignait de les lire, parce qu'on les regardait comme chimériques et inintelligibles. Il y a cependant dans ces vieux textes une science réelle et profonde, mélangée, à la vérité, de notions erronées sur la transmutation des métaux, et de prétentions illusoires et souvent charlatanesques. J'ai cherché à dégager de cet alliage le côté scientifique proprement dit ; et j'ai montré la source de l'erreur fondamentale de l'alchimie dans les théories philosophiques de Platon et d'Aristote sur la constitution de la matière. Je me propose de retracer aujourd'hui, aux lecteurs de la *Revue*, les notions acceptées par les alchimistes

Marcellin Berthelot

grecs et de leur présenter la suite de mes études sur les alchimistes syriens, arabes, et sur les commencements de l'alchimie latine, telle qu'elle s'est développée, au moment même de cette première réapparition des arts et des lettres antiques au XIIIe siècle, qui précéda la grande et définitive renaissance du XVIe.

I. — L'ALCHIMIE GRECQUE.

Rappelons d'abord les faits découverts par les alchimistes grecs, ainsi que les idées et les théories qui leur servaient de guides ; ces faits et ces idées sont le point de départ des développements ultérieurs.

Les métaux purs ne se rencontrent guère dans la nature, à l'exception de l'or, exploité de tout temps à l'état natif, dans les alluvions des fleuves, ou dans les roches des diverses époques géologiques. On trouve aussi dans les mêmes conditions un alliage natif d'or et d'argent, appelé par les anciens or blanc ou électrum, et qui fut regardé comme un métal particulier jusque vers le VIe siècle de notre ère : il a même été employé dans la fabrication de la monnaie par les Lydiens, puis par les villes grecques de l'Asie-Mineure, jusque vers le temps d'Alexandre. Mais cet alliage ne présente aucune fixité dans ses propriétés, les proportions relatives des deux composants étant variables. En raison de cette diversité même, il a joué un rôle important dans les idées et les tentatives des alchimistes, relatives à la transmutation des métaux ; car on pouvait en extraire à volonté de l'or ou de l'argent, suivant les traitements employés : de là l'opinion que l'électrum était susceptible d'être changé dans l'un ou dans l'autre des deux métaux nobles.

Ces idées et ces tentatives semblaient d'ailleurs confirmées par les pratiques métallurgiques usitées dans la fabrication des autres métaux. Le fer, le cuivre, le plomb, l'étain, l'argent même, ne préexistent point dans la nature, sauf dans des minéraux exceptionnels ; ils s'y trouvent d'ordinaire à l'état de composés oxydés ou sulfurés, et ce sont en réalité des produits engendrés par l'art humain. En effet, c'est en soumettant les derniers composés à des réactions plus ou moins compliquées, où interviennent le feu, les agents combustibles, la cuisson, le grillage au contact de l'air, que l'on prépare les divers métaux. Ces préparations étaient accomplies autrefois, en vertu d'un empirisme traditionnel dont les origines se perdent dans la nuit des âges. Depuis un siècle à peine, les chimistes ont réussi à s'en rendre compte et à les perfectionner, à l'aide de notions plus précises, fondées sur les théories de la science moderne. Notre temps d'ailleurs assiste à une transformation plus radicale encore dans la métallurgie, par suite des découvertes de l'électrochimie. Mais dans l'antiquité tout reposait, je le répète, sur un empirisme, à peine dirigé par de vagues analogies.

Or, les métaux que les anciens obtenaient ainsi et mettaient en œuvre n'étaient pas toujours des métaux purs. Il existait pour eux une multitude de variétés de cuivre et de plomb. Par exemple, le plomb noir et le plomb blanc furent d'abord distingués : le premier était notre plomb moderne, le second est devenu notre étain ; mais ces noms s'appliquaient aussi à d'autres métaux et alliages, tels que l'antimoine, obtenu par le grillage et la réduction de son sulfure, dans certaines conditions décrites par Dioscoride ; de même quelques alliages d'argent, désignés à l'origine sous le nom grec de *cassitéros*, qui fut affecté plus tard à notre étain ; le *stannum* de Pline offre encore ce double sens.

Les alliages blancs, à surface brillante et peu altérable, avaient reçu un nom particulier, celui d'*asem*, ou argent égyptien, qui reparaît sans cesse chez les alchimistes grecs et se confond avec celui de l'argent sans titre défini (*asémon*) : ce nom était donné à des matières fort diverses, depuis l'étain pur jusqu'à l'electrum.

De même le métal désigné sous le nom de *chalkos* en grec, *œs* en latin, nom qui comprenait des espèces innombrables ; à tel point que nos traductions modernes emploient indifféremment les noms d'airain, de cuivre et même de bronze pour le représenter : mais ces traductions sont presque toujours incertaines et souvent inexactes. Le cuivre pur des modernes est trop mou pour servir à forger des armes ou des outils solides, et les noms grecs et latins expriment d'ordinaire des alliages. Aussi les anciens attribuaient-ils aux cuivres diverses couleurs, et ils en spécifiaient l'espèce par des adjectifs tirés soit de ces couleurs même, soit du lieu d'origine. Tels étaient le cuivre rouge ou cuivre de Chypre, *œs cyprium*, épithète qui est devenue au temps de l'empire romain le nom propre du métal, *cuprum* ; tels le cuivre jaune, le cuivre blanc, etc. Le cuivre jaune embrassait à son tour bien des variétés, car sa composition variait extrêmement. Rappelons d'abord les bronzes, alliages de cuivre et d'étain, employés pendant des siècles à la fabrication des armes, jusqu'au jour où ils furent détrônés par les progrès de la fabrication et de la trempe du fer. Au temps de l'empire romain, on désigna l'un de ces alliages, qui servait à faire des miroirs, par le nom de Brindes, lieu où se trouvaient les fabriques : *œs brundusinum*, d'où est venu notre mot *bronze* ; d'autres alliages de diverses nuances, jaunes ou blanchâtres, unissaient au cuivre le plomb et le zinc, métal inconnu des anciens à l'état de pureté, mais dont ils connaissaient les minerais, appelés *cadmies* ou *calamies* naturelles, d'où nous avons fait le mot calamine. La fusion de ces minerais avec ceux du cuivre engendrait des métaux semblables à notre *laiton*, dont le nom même a été dérivé de celui d'*electrum*, par suite des altérations successives que l'industrie a fait subir au vieux métal lydien, depuis l'antiquité jusqu'au XIIe siècle de notre ère.

Tandis que certains des composés du cuivre acquéraient ainsi des noms particuliers, en raison de l'importance de leurs applications ; au contraire, parmi les nombreux alliages du cuivre à teinte jaune, il en est d'autres, usités dans l'antiquité et au moyen âge, qui sont tombés en désuétude : par exemple, les combinaisons que le cuivre forme avec l'arsenic et l'antimoine, intermédiaires éminemment aptes à permettre l'association des corps, tels que le fer opposé au cuivre ou à l'étain, métaux rebelles à une union plus directe. La chimie moderne ne connaît plus guère ces alliages. Cependant, nous avons vu ressusciter, il y a une vingtaine d'années, parmi les brevets d'invention, un alliage de cuivre et d'antimoine, doué de l'apparence et de la plupart des propriétés de l'or ; on pourrait même le faire passer pour lui, auprès des personnes inexpérimentées et peu au courant des méthodes infaillibles de l'analyse moderne. Or cet alliage était connu des alchimistes grecs, et il figure dans les traductions syriaques de leurs œuvres.

Ainsi, dans l'antiquité et au moyen âge, il existait une foule de métaux artificiels, rangés sous ces catégories générales de plomb, de fer, de cuivre, d'étain, d'électrum, enfin d'or et d'argent.

Ce n'est pas tout : de même que l'argent pur était confondu dans la pratique des orfèvres avec les divers alliages désignés sous le nom d'*asem*, le nom même de l'or ne s'appliquait pas seulement à l'or pur ; mais les orfèvres l'avaient étendu aux alliages de ce corps avec le cuivre et d'autres métaux, alliages inégalement riches, servant à fabriquer des bijoux à bas titre, qu'ils s'efforçaient de faire payer comme or pur par leurs clients. Ces usages et ces pratiques frauduleuses subsistent, même de nos jours, en Orient et partout où la loi n'a pas établi des règles invariables et des pénalités sévères pour fixer le titre des objets d'or et d'argent livrés à la vente. La fraude est perpétuelle dans ce genre d'industrie, en raison des primes considérables qui lui sont offertes par le prix élevé des objets.

Ces faits étant connus, il est facile de concevoir les idées et les théories des alchimistes et de se représenter leurs pratiques et leurs espérances.

En effet, la première notion qui leur apparaissait comme établie par l'expérience, c'était celle de la variabilité des propriétés des métaux. La définition théorique de nos corps simples, qui restent immuables dans leur nature et dans leur poids, à travers la suite des métamorphoses, ne s'est dégagée que lentement, et elle n'est même devenue certaine pour les chimistes que depuis un siècle à peine. Sans doute, l'esprit positif des législateurs romains avait aperçu la nécessité d'employer de l'or et de l'argent purs, ou alliés à un degré fixe, dans la fabrication des monnaies, destinées à servir d'unité pour les transactions. Mais c'était là une prescription pratique et non un principe scientifique. Si les artisans qui maniaient ces métaux savaient obtenir des corps doués de la pureté légale, cependant ils ne possédaient aucun signe pour distinguer si de tels corps représentaient réellement un métal unique et inaltérable dans son essence ; ou bien s'il s'agissait d'un certain terme conventionnel, dans la suite indéfinie des transformations de la matière.

Ces définitions légales s'appliquaient d'ailleurs uniquement à l'or et à l'argent. Quant au cuivre, au plomb, à l'étain, rien ne prouvait que quelqu'une de leurs espèces sans nombre représentât, de préférence aux autres, un état fondamental, auquel l'ensemble de celles-ci dût être rapporté. Bref, l'or, l'argent, le cuivre, le plomb étaient, en réalité, aux yeux des alchimistes des mélanges ou composés, dont on pouvait modifier à volonté les propriétés, en y ajoutant, ou en en retranchant certains composants.

Marcellin Berthelot

L'unité fondamentale de la matière résidait au-delà. Elle était subordonnée à l'existence des quatre éléments : la terre, l'eau, l'air et le feu, dont l'association, suivant Platon et Aristote, constitue tous les êtres de la nature. Nous savons aujourd'hui, depuis les découvertes faites en chimie il y a un siècle à peine, que ces éléments antiques ne sont pas des substances véritables, mais les symboles des états fondamentaux de la matière, tels que la solidité, la liquidité, la gazéité, tous états statiques ; le quatrième élément, le feu, représentant un état dynamique des corps. Au contraire, ces symboles avaient un caractère vraiment substantiel pour les alchimistes, caractère précisé par l'identification approximative de leurs prétendus éléments avec certains produits, dans lesquels les propriétés correspondantes à l'un des éléments paraissaient résider d'une façon plus éminente. Ainsi on lit ce qui suit dans Comarius, auteur contemporain d'Héraclius : « Le feu a été subordonné à l'eau et la terre à l'air ; » le nom de chacun de ces éléments étant surmonté dans les manuscrits par le signe du corps qui le représentait pendant l'opération à laquelle Comarius fait allusion. Au-dessus du mot feu, on lit le signe du soufre ; au-dessus du mot eau, le signe du mercure ; au-dessus du mot terre, le signe du molybdochalque (alliage de plomb et de cuivre) ; au-dessus du mot air, le signe du mercure de nouveau (sans doute à l'état de vapeur). Ces désignations n'avaient, d'ailleurs, rien de spécifique : dans un autre article grec, intitulé *le Travail des quatre éléments*, une liste de produits multiples répond à chaque élément, envisagé comme catégorie générique. Le pseudo Raymond Lulle, alchimiste latin, emploie continuellement ce symbolisme : par exemple dans la description de la fabrication des pierres précieuses artificielles. On conçoit que de telles descriptions étaient indéchiffrables, sans le concours d'un adepte initié et à qui la tradition transmise par ses maîtres faisait connaître le sens du symbole pour chaque cas particulier.

La science moderne est devenue plus précise. En même temps, les éléments substantiels des anciens sont passés pour elle à l'état de qualités et de phénomènes et il en est résulté une modification profonde dans les idées des philosophes et dans les conceptions, même les plus usuelles, de l'humanité. Cependant, derrière les éléments qui étaient supposés ajouter aux corps leurs qualités propres, les savants grecs concevaient l'unité essentielle, comme résidant à un degré plus élevé dans la matière première indéterminée ; modifiée par des formes et des accidents multiples, elle concourt à former toutes choses. Les éléments, disent-ils, sont opposés par leur qualité et non par leur substance. Cette notion, plus générale, n'a pas cessé de dominer les conceptions cartésiennes et même celles de notre temps.

Mais ces vues métaphysiques étaient trop vagues pour fournir aux orfèvres et aux alchimistes une explication claire des faits que leur montrait leur pratique journalière. Ici se manifeste un état d'esprit tout spécial. La chimie, en effet, a possédé de tout temps une aptitude singulière à créer une sorte de métaphysique matérialiste, où les noms d'êtres, de principes premiers sont employés avec une signification restreinte et en quelque sorte tangible. Les chimistes grecs disaient que les métaux étaient comme l'homme ; ils avaient un corps et une âme. L'âme, d'ailleurs, pour la plupart des philosophes anciens, n'était autre chose qu'une matière plus subtile. C'est ainsi que les alchimistes furent conduits à imaginer une matière première, propre aux métaux seuls, et qui en constituait l'essence commune. Elle semblait indiquée par cet état général de fusion que prennent tous les métaux soumis à l'action du feu ; état dans lequel ils sont disposés à recevoir tout alliage, toute coloration, toute impression de propriétés nouvelles. Pour les vieux Égyptiens, cette matière première était le plomb, désigné par eux sous le nom d'Osiris. « Osiris est le principe de toute liquidité, dit Olympiodore ; c'est lui qui opère la fixation dans les sphères du feu. » — « Toutes les substances métalliques, d'après un autre auteur, ont été reconnues par les Égyptiens comme produites par le plomb seul. » Le mot plomb désignait alors aussi l'étain, l'antimoine et une multitude d'alliages plus ou moins voisins de l'argent ; c'était d'ailleurs des minerais de plomb que l'on extrayait le plus souvent l'argent, qui en représentait en quelque sorte le perfectionnement.

Mais vers le temps de la guerre du Péloponnèse, apparut dans le monde une nouvelle substance, le mercure ou argent liquide, qui répondait mieux encore à la notion de la matière première métallique.

Quelle était l'origine de ce métal singulier ? C'est ce qu'aucun auteur ne nous a appris. Nous savons cependant qu'à cette époque les Carthaginois exploitaient les mines d'or et d'argent de la Bétique, et que les minerais de mercure, situés dans la même région, étaient parfaitement connus et mis en œuvre au temps de l'empire romain. Il semble donc que le mercure soit venu de là.

Quoi qu'il en soit, l'aspect et les propriétés de cet argent liquide, et vaporisable, presque aussi résistant aux agents chimiques que son vieil homonyme solide, frappèrent vivement les imaginations. Il semblait qu'il suffît de le fixer, c'est-à-dire de lui ôter son état liquide et sa volatilité, pour obtenir les divers métaux et spécialement l'argent véritable.

Le mercure devint ainsi la matière première des métaux pour les alchimistes. Nous lisons à cet égard les passages les plus décisifs dans Synésius, écrivain de la fin du IVe siècle de notre ère, lequel paraît devoir être identifié avec le célèbre évêque de la Cyrénaïque, contemporain des deux Théodose. Voici ce qu'il écrit, dans une lettre adressée à Dioscorus et qui rappelle, par le fond et par la forme, les dialogues de Platon et le *Timée* en particulier. « Le mercure est donc de différentes sortes. — Oui, il est de différentes sortes, tout en étant un. — Mais s'il est un, comment est-il de différentes sortes ? — Oui, il est de différentes sortes et il a une très grande puissance. N'as-tu pas entendu dire à Hermès : Le rayon de miel (mercure) est blanc (argent), et le rayon de miel est jaune (or) ? — Oui, je le lui ai entendu dire. Mais ce que je veux apprendre, Synésius, enseigne-le-moi. — C'est l'opération que tu sais (la transmutation). — Le mercure prend donc de toute manière les apparences de tous les corps ? — Tu as compris, Dioscorus. En effet, de même que la cire affecte la couleur qu'elle a reçue, de même aussi le mercure, ô philosophe ! blanchit tous les corps et attire leurs âmes, il les digère par la cuisson et s'en empare. Étant donc disposé convenablement et possédant en lui-même le principe de toute liquidité, lorsqu'il a subi la transformation, il prépare tout le changement des couleurs. Il forme le fond permanent, tandis que les couleurs n'ont pas de fondement propre ; ou plutôt le mercure, perdant son fondement propre, devient un sujet modifiable par les traitements exécutés sur les corps métalliques. — Le mercure travaillé par nous reçoit toutes sortes de formes... »

En résumé, le mercure étant la matière première des métaux, il

I. LES GRECS, LES LATINS, LES SYRIENS.

fallait d'abord le fixer, c'est-à-dire le rendre solide et stable au feu, à la façon des métaux proprement dits ; puis il fallait le teindre, à l'aide d'un principe tinctorial, blanc ou jaune, tel que le soufre, ou les sulfures d'arsenic ; ce qui devait le changer finalement en argent ou en or.

Ajoutons, pour compléter cette exposition, que le mot mercure avait des acceptions multiples. Non seulement on distinguait, comme le fait Pline, le mercure natif, extrait directement des mines, du vif argent artificiel préparé au moyen du cinabre ; mais ce dernier même était appelé mercure de cuivre, mercure de plomb, mercure d'étain, suivant qu'on le préparait à froid, en broyant le cinabre dans un mortier de cuivre, de plomb, d'étain, avec divers ingrédients ; le mercure obtenu paraissait participer du métal qui avait servi à le préparer. Pour nous, c'est toujours le même mercure, rendu impur à la vérité par quelque trace du métal précipitant ; mais, aux yeux des alchimistes, c'étaient des métaux différents ; il existe à cet égard chez les Grecs, et surtout dans les traductions syriaques de Zosime, des textes décisifs. Pour comprendre les idées des alchimistes sur ce point, il faut se reporter aux faits qu'ils avaient observés. Mais il y a plus, le mot mercure désignait à leurs yeux deux matières radicalement différentes pour nous : le mercure moderne, ou mercure tiré du cinabre, et l'arsenic métallique, qu'ils appelaient le mercure tiré de l'orpiment. L'un et l'autre, en effet, sont volatils et sublimables ; l'un et l'autre teignent le cuivre en blanc ; l'un et l'autre forment des sulfures rouges. On voit, par ces détails précis, quelle extension de sens avait pris le mot mercure vulgaire et comment le mercure des philosophes représentait une sorte de quintessence, commune à ces diverses sortes de mercure, c'est-à-dire la matière première des métaux, susceptible d'être changée par la teinture en or ou en argent. Il s'agissait soit d'extraire réellement ce mercure des métaux ordinaires, pour le teindre ensuite en or ou en argent ; soit et plutôt d'opérer sur sa substance en puissance, telle qu'elle était contenue dans le cuivre, dans le plomb, dans l'étain ou dans le fer, pour éliminer les qualités contraires et compléter les qualités conformes, par des agents convenables, en même temps qu'on en opérait la teinture. Les agents tinctoriaux étaient eux-mêmes désignés sous le nom générique de pierre philosophale.

Telle était la théorie philosophique et tels étaient les faits

Marcellin Berthelot

d'expérience sur lesquels s'appuyaient les essais de transmutation chez les alchimistes gréco-égyptiens. Dirigés par ces idées, ils obtenaient, en effet, toute sorte d'alliages métalliques, les uns blancs et presque inaltérables comme l'argent, auquel on les assimilait ; les autres jaunes et d'une stabilité comparable à l'or, dont on leur donnait le nom. L'or et l'argent véritables entraient d'ailleurs le plus souvent dans la composition de ces alliages ; ils jouaient le rôle de semence, et on croyait les multiplier par l'action de certains ferments, à la façon des êtres vivants. Mais les alchimistes avaient dû s'apercevoir bien des fois qu'il ne suffisait pas de réaliser les prétendues recettes de transmutation pour fabriquer de l'or et de l'argent : après avoir obtenu des métaux qui en possédaient l'apparence et un certain nombre de propriétés, il en manquait toujours quelques-unes, et c'est ici qu'intervenait la partie mystique de leur science.

« Ne va pas croire, dit Olympiodore, que l'action manuelle seule soit suffisante ; il faut encore celle de la nature, une action supérieure à l'homme. » C'était par les prières et les formules magiques que l'on devait compléter la transmutation.

En attendant, la confusion entre l'argent véritable et les alliages blancs, désignés sous le nom d'*asem* ou argent d'Égypte, entre l'or véritable et certains autres alliages jaunes, était soigneusement entretenue par les alchimistes dans l'esprit de leurs adeptes et surtout dans celui du public. Ils allaient même jusqu'à désigner sous le nom d'or et d'argent des métaux simplement teints à leur surface par l'action du mercure et des sulfures d'arsenic, voire même des métaux recouverts d'un vernis doré. Cette confusion de langage existe même dans les industries de notre temps, quand elles parlent des ors d'une teinture ou d'une étoffe.

Les recettes de la chrysopée et de l'argyropée du faux Démocrite, quand on les relit en se guidant d'après cette idée, ne sont nullement chimériques ; car elles n'expriment pas autre chose que la préparation des alliages simulant l'or et l'argent, et celle des teintures et vernis superficiels. Cependant, les orfèvres alchimistes, tout en fraudant les acheteurs et en leur vendant des bijoux à bas titre et falsifiés, n'en étaient pas moins dupes de leurs propres théories. Nous avons vu reparaître de notre temps les vieux rêves de la magie, si puissants en Égypte et à Babylone ; or

I. LES GRECS, LES LATINS, LES SYRIENS.

c'était, je le répète, sur les formules magiques que les alchimistes comptaient pour compléter leur œuvre et mener jusqu'au bout la mystérieuse transmutation, dont ils prétendaient faire chaque jour la démonstration devant le public. Comme il est arrivé trop souvent aux prophètes orientaux, ils trompaient le public par des tours de prestidigitateurs ; mais en même temps ils croyaient au fond posséder réellement la puissance dont ils se targuaient. C'est l'histoire de la plupart des mystiques et nous voyons aujourd'hui se reproduire les mêmes illusions sous nos yeux, dans les prétentions de l'hypnotisme et de la télépathie.

J'ai connu, il y a quelques années, l'aventure d'un alchimiste contemporain, qui prétendait fabriquer de l'argent. Un jour, ayant épuisé ses ressources, il porta au mont-de-piété quelques lingots de l'un de ses alliages, en déclarant qu'ils contenaient 85 centièmes de leur poids d'argent. Le commissaire du mont-de-piété eut la naïveté d'accepter sa déclaration et de lui prêter le tiers de la valeur déclarée. Le prêt n'ayant pas été remboursé, on envoya le lingot à la Monnaie pour en réaliser la valeur : les essayeurs y trouvèrent seulement trois centièmes d'argent. Jusqu'ici cette histoire n'a rien de surprenant. Mais l'alchimiste, mis en arrestation, soutint son dire. Il prétendit que les savants officiels avaient des procédés d'analyse insuffisants et qu'il se faisait fort de démontrer devant les juges la composition qu'il avait assignée à son alliage. Son avocat demandait même qu'il pût faire cette preuve devant le tribunal : peut-être l'alchimiste était-il convaincu et croyait-il à l'efficacité de quelque formule secrète pour réaliser son miracle.

Les théories sur lesquelles les alchimistes s'appuyaient n'en méritent pas moins toute notre attention, à cause de leurs fondements à la fois techniques et philosophiques. L'idée de la teinture des métaux était même généralisée par eux et étendue à toutes sortes d'autres problèmes, d'un intérêt industriel non moins puissant. C'est ainsi qu'ils teignaient le verre et lui communiquaient l'apparence des pierres précieuses naturelles. Là aussi les alchimistes avaient la prétention d'imiter et de reproduire la nature. Les émeraudes, les saphirs, les rubis naturels étaient, disaient-ils, reproduits par eux, et cette tradition a traversé tout le moyen âge. Telle est l'origine de ces prétendus plats et objets d'émeraude, de grande dimension et d'un prix jugé autrefois inestimable, qui sont encore conservés

Marcellin Berthelot

dans les trésors de certaines églises. La croyance à ces fabrications a duré, jusqu'au jour où la chimie moderne dévoila les antiques artifices : c'est seulement de nos jours et depuis un demi-siècle que les pierres précieuses naturelles ont été reproduites avec leur composition véritable et leurs propriétés identiques.

Les alchimistes teignaient également les étoffes, et la précieuse teinture en pourpre, réservée aux souverains et aux dieux, était assimilée par eux à la teinture dorée des métaux. Dans un cas comme dans l'autre, une trace de matière colorante, incorporée à une grande masse de matière susceptible de teinture, lui communique dans toutes ses parties sa couleur, en s'incorporant à elle, pour engendrer un tout réputé homogène.

Tels étaient les faits observés et les idées régnantes en chimie vers la fin de l'empire romain. Nous allons voir comment la connaissance de ces faits et de ces théories s'est maintenue et propagée pendant le cours du moyen âge.

II. — L'ALCHIMIE OCCIDENTALE AVANT LES ARABES.

Deux voies ont été suivies dans la transmission de la science antique : la voie pratique et professionnelle et la voie théorique et générale. En effet, la civilisation et l'empire romain, qui en était le représentant, ne se sont pas évanouis tout d'un coup, dans un cataclysme qui anéantit à la fois les hommes et les institutions. De pareilles aventures sont rares dans l'histoire ; quoique l'extermination complète de certaines populations, dans les invasions mongoles par exemple, ait pu faire disparaître brusquement certaines races et leurs traditions. De même la destruction de Carthage par les Romains. Mais l'invasion barbare fut une opération multiple et collective, qui a duré trois siècles et substitué peu à peu à l'univers romain un monde plus confus, retenant d'innombrables débris des anciennes organisations. Les industries surtout ont survécu, à cause de leur nécessité. Au temps des Francs en Gaule, des Visigoths en Espagne, des Lombards en Italie, on a continué à travailler la pierre et les métaux, à fabriquer des ornements et des bijoux, à teindre des étoffes, à inventer des engins pour la guerre, à préparer des remèdes pour les maladies.

I. LES GRECS, LES LATINS, LES SYRIENS.

Si les esprits puissants et créateurs dans les divers arts ont cessé de se manifester dans un milieu où ils n'eussent rencontré ni l'éducation ni les moyens d'action indispensables, les fabricants et les artisans techniques n'en ont pas moins poursuivi leurs travaux conformément aux vieilles règles inscrites dans des réceptaires et cahiers de formules, d'après les vieux auteurs grecs et latins et leurs abréviateurs.

C'est là précisément ce qui est arrivé pour la chimie : un certain nombre de ces registres d'ateliers nous sont parvenus. Nous en possédons quelques-uns en langues grecque, syriaque et même latine ; j'ai publié moi-même plusieurs de ces traités techniques, jusque-là manuscrits et ignorés, en les accompagnant de commentaires spéciaux. Jusqu'ici cet ordre de renseignements était demeuré à peu près inconnu des historiens de la chimie, et c'est l'ignorance de leur existence qui a surtout concouru à entretenir les opinions régnantes sur le rôle prépondérant des Arabes dans la transmission de la science antique. En réalité, une portion de celle-ci s'était conservée directement dans les traditions de l'Occident.

Essayons de préciser les idées à cet égard, en commençant par les Grecs. Nous lisons les lignes suivantes, copiées peu après l'an 1000, dans un manuscrit conservé dans la Bibliothèque de Saint-Marc, à Venise, et qui reproduit des traités plus anciens : « Livre métallique et chimique sur le travail de l'or et de l'argent, la fixation du mercure. Ce livre traite des vapeurs (distillation), des teintures métalliques et des moulages avec le bronze, ainsi que des teintures des pierres vertes (émeraudes), des grenats et autres pierres de toute couleur et des perles ; et des colorations en garance (pourpre végétale) des étoffes de peau destinées à l'empereur. Toutes ces choses sont produites avec les eaux salées et les œufs (philosophiques, appareils de digestion), au moyen de l'art des minéraux. » Ce titre représente un traité écrit vers le VIIIe et le Xe siècle, pour résumer les traditions techniques. C'est celui d'un véritable manuel de chimie byzantin, embrassant l'orfèvrerie et les alliages métalliques, la distillation, la coloration des verres et pierres précieuses artificielles, le travail des perles et la teinture des étoffes : quelque chose comme un traité de chimie industrielle contemporain. À chacun de ces sujets répondent des articles spéciaux, souvent très développés, dans la collection des alchimistes grecs. Ce n'est pas ici le lieu de les exposer en détail : je dirai seulement que ces articles représentent les travaux qui font suite aux alchimistes alexandrins, tels que le pseudo Démocrite, Zosime, Jamblique, le pseudo Moïse et autres écrivains des premiers siècles de notre ère ; lesquels se rattachaient eux-mêmes à des traditions plus anciennes, de l'ordre de celles du Papyrus égyptien qui existe à Leyde, de celles du « Livre du Sanctuaire du Temple, » et des « procédés gravés sur les stèles, » en caractères symboliques, dans l'ombre des édifices sacrés, dont parle Olympiodore.

Les traités postérieurs à la chute de l'empire romain sont essentiellement techniques ; la partie théorique et philosophique des ouvrages de leurs prédécesseurs a presque entièrement disparu, en même temps que la puissance intellectuelle des générations successives s'est abaissée. Cependant on en retrouve encore quelques traces, ainsi que des pratiques superstitieuses destinées à assurer le succès des opérations.

Les ouvrages techniques écrits en langue grecque ne sont pas les seuls qui aient conservé dans l'Occident la pratique des industries chimiques. En effet, cette langue était inconnue des ouvriers métallurgistes, verriers ou teinturiers de la Gaule et de l'Italie centrale. Ce n'est pas qu'on ne saisisse quelques traces de l'influence des arts grecs dans l'Italie méridionale, assujettie jusqu'au temps des Normands à la domination byzantine.

Il existe à Lucques un vieux manuscrit, écrit vers le temps de Charlemagne, et intitulé *Compositiones ad tingenda*, etc. « Recettes pour teindre les mosaïques, les peaux, et autres objets, pour dorer le fer, pour l'emploi des matières minérales, pour l'écriture en lettres d'or, pour faire les soudures, et autres documents des arts. » Or, on lit dans ce manuscrit des recettes sur la pulvérisation de l'or et de l'argent, recettes grecques, transcrites en lettres latines, probablement sous la dictée, par un copiste qui n'entendait rien à ce qu'il écrivait. Les orfèvres italiens, qui utilisaient les procédés des*Compositiones*, empruntaient évidemment leurs recettes aux maîtres ès-arts de Constantinople. Les procédés pour réduire les métaux précieux en poudre avaient alors une importance exceptionnelle : non-seulement parce que les corps amenés à cet état servaient à la dorure et à l'argenture, mais aussi parce que l'on pouvait transporter les métaux précieux d'un pays à un autre, en

I. LES GRECS, LES LATINS, LES SYRIENS.

leur donnant l'apparence de matières terreuses et sans valeur. Ce mode de transport a été usité pendant tout le moyen âge, en dépit des interdictions légales, et on conçoit que les recettes en aient été tenues cachées par l'emploi d'une langue étrangère aux artisans.

On peut établir l'existence d'ouvrages latins, d'un ordre plus élevé et d'une composition plus méthodique, qui paraissent avoir été traduits du grec, au temps même de l'empire romain, pour l'usage des orfèvres, sans avoir passé par la tradition byzantine. Je veux parler d'un grand ouvrage qui nous est parvenu par des manuscrits du xe et du xiie siècle, sous le titre de *Mappæ clavicula* : « Clé de la peinture. » Il renferme la plupart des recettes des *Compositiones*, et j'en ai rencontré des fragments étendus dans les manuscrits alchimiques de la fin du xiiie siècle. C'était donc un ouvrage fort répandu à cette époque. Ce n'est pas le seul d'ailleurs ; car nous possédons toute une littérature analogue, à l'usage des industriels d'alors, sous les titres suivants : *Cahier de divers arts*, par le moine Théophile ; *les Couleurs et les arts des Romains*, par Eraclius ; le *Livre des divers arts*, ouvrage existant à la bibliothèque de l'École de médecine de Montpellier, divers opuscules publiés par Mrs Merrifield, dans son ouvrage sur la « pratique des peintres anciens. »

La suite de ces traités continue, dans le cours des âges, par une filiation non interrompue jusqu'aux manuels Roret de notre temps. La *Clé de la peinture* est le plus ancien de ces ouvrages et le plus intéressant. C'est une collection de formules, de date inégale et d'origine différente. Le titre même sous lequel elles sont rassemblées est un titre de fantaisie, ajouté probablement à une basse époque, et qui ne répond qu'à une fraction minime de l'ouvrage. Celui-ci nous est venu par deux manuscrits, l'un du xe siècle découvert à Schlestadt par M. Giry, et l'autre du xiie siècle. Le dernier a servi de base à une publication faite sans commentaires, dans le recueil anglais intitulé *Archæologia*. Le plus ancien manuscrit ne contient aucune trace d'influence arabe ; celle-ci se manifeste au contraire par l'intercalation d'un groupe de recettes dans le plus moderne. Bornons-nous donc au plus ancien. Les formules qui y sont transcrites résultent de l'assemblage de deux traités mis bout à bout : l'un est le même que les *Compositiones* déjà citées ; tandis que l'autre est beaucoup plus intéressant, car c'est un véritable traité méthodique sur les métaux, qui paraît traduit en grande partie de quelque auteur grec aujourd'hui perdu, peut-être de celui qui aurait servi également de base au manuel byzantin relaté plus haut.

Ce traité débute par des articles relatifs à l'or et à l'argent, aux alliages destinés à les imiter et aux procédés pour écrire en lettres d'or et en lettres d'argent. On y trouve de véritables formules de transmutation, identiques avec celles des alchimistes grecs, et fondées également sur l'emploi des composés arsenicaux. Ce qui augmente l'intérêt des recettes latines, c'est qu'elles sont traduites littéralement des recettes des alchimistes grecs. Quelques-unes se lisent en effet dans la *Chimie du pseudo Moïse*, que j'ai publiée pour la première fois il y a cinq ans ; d'autres sont tirées du papyrus de Leyde, retrouvé dans un tombeau de Thèbes en Égypte, au commencement de ce siècle. On ne saurait admettre la connaissance directe de ce papyrus par l'auteur primitif du traité latin ; mais sans aucun doute il a eu entre ses mains un groupe de prescriptions d'orfèvres antiques, consignées dans des registres qui ont été traduits du grec en latin, probablement vers les derniers temps de l'empire romain. Il y est même question de la fabrication des représentations colorées des dieux, dans un passage qui est traduit à peu près textuellement de Zosime.

Ce sont là des résultats d'un haut intérêt pour l'histoire de la chimie romaine ; surtout si on les rapproche d'un essai de Caligula pour fabriquer l'or avec le sulfure d'arsenic, essai relaté par Pline, et d'un passage de Manilius, poète du temps de Tibère, sur l'art de multiplier les métaux, ainsi que d'une phrase de Sénèque sur les procédés attribués à Démocrite pour amollir l'ivoire et colorer le verre. Tous ces faits concourent à établir la diffusion des connaissances et des prétentions alchimiques dans l'Occident latin, dès les débuts du moyen âge et antérieurement à toute influence arabe.

Le traité latin original que je décris en ce moment ne s'occupait pas seulement de l'or et de l'argent, mais des autres métaux, cuivre, fer, plomb, étain. Malheureusement cette portion du livre n'est pas venue jusqu'à nous ; nous possédons seulement une table de ce groupe d'articles, dans le manuscrit de Schlestadt. Or cette table présente une frappante analogie avec le contenu d'un traité de Zosime, subsistant à l'état de version syriaque, qui sera examiné

I. LES GRECS, LES LATINS, LES SYRIENS.

tout à l'heure.

À la suite, toujours comme dans les manuels grecs, venaient des articles sur les verres colorés et sur le travail des perles. Parmi les titres de la vieille table, on lit notamment le suivant : fabrication du verre incassable. Il s'agit d'un récit d'après lequel le verre incassable aurait été inventé du temps de Tibère, qui en interdit la fabrication par la crainte de ses conséquences économiques. La légende a même transformé le verre incassable en verre malléable. Or, d'après la lecture des vieux textes, il semble que la recette n'ait jamais été perdue et qu'elle ait subsisté à l'état de secret de fabrique, pendant tout le moyen âge. Il en est souvent fait mention, mais toujours comme d'un mystère merveilleux. On sait que le verre incassable a été découvert de nouveau de notre temps ; mais sans que cette découverte ait amené jusqu'ici de grandes conséquences, à cause de l'impossibilité de travailler un tel verre après refroidissement, en raison de son instabilité.

Le traité latin se terminait par deux articles dont la perte est fort regrettable : l'un relatif aux signes alchimiques, probablement les mêmes que ceux des Grecs ; l'autre à la « prière qu'il faut réciter pendant la fabrication de l'or, afin que l'or soit réussi. » Ces mots sont un dernier cachet d'origine, qui atteste le mélange d'incantations religieuses et de recettes industrielles, sur lequel reposait la science chimique d'autrefois.

Ainsi les pratiques et les imaginations des vieux métallurgistes et orfèvres égyptiens, pratiques dont la date initiale se perd dans la nuit des temps, avaient été réduites d'abord en corps de doctrines par les Grecs alexandrins, puis transmises de bonne heure aux artisans romains et traduites en latin. Pratiques et opinions se sont perpétuées dans les ateliers occidentaux, en Italie et en France, au milieu de la décadence carolingienne et jusqu'aux VIIIe et Xe siècles, époques de la transcription des manuscrits de Lucques et de Schlestadt. Ces pratiques, maintenues par la technique des métaux précieux, se sont rejointes vers le XIIe siècle avec les pratiques et les théories des alchimistes grecs, ramenées d'un autre côté, en Occident, par l'intermédiaire des Arabes, qui les avaient eux-mêmes appris des Syriens, disciples directs des Grecs.

C'est de cette seconde branche de la tradition chimique que je vais maintenant m'occuper.

III. — LA SCIENCE ET L'ALCHIMIE SYRIAQUES.

Les conquêtes d'Alexandre transformèrent l'Orient ; elles introduisirent la culture hellénique en Égypte, en Syrie, en Mésopotamie, et jusqu'en Perse et dans la lointaine Bactriane. De grandes cités grecques ne tardèrent pas à être fondées, depuis les rivages de la mer jusqu'à la région du Tigre. Cependant la civilisation grecque ne réussit pas à étouffer complètement celles qui l'avaient précédée. Celles-ci exercèrent d'abord sur les souverains grecs eux-mêmes une influence profonde, et la langue même des vaincus finit par reparaître jusque dans l'ordre officiel et littéraire. Les peuples syriens, convertis au christianisme, réclamèrent pour leurs besoins religieux un texte de l'ancien et du Nouveau-Testament dans leur langue native : ce fut la version Peshito, écrite vers la fin du IIe siècle de notre ère. Non-seulement les ouvrages des pères grecs furent traduits, avec les décrets et les canons des conciles ; mais les Syriens possédèrent des saints et des pères autorisés, tels que saint Ephrem, dans leur propre langue. Des académies se fondèrent pour développer la culture syriaque, au sein même de l'empire byzantin.

Édesse devint ainsi le siège d'une académie et d'une bibliothèque, où l'étude des sciences profanes se mêlait à celle des sciences religieuses. Dès le Ve siècle, Cumas et Probus traduisaient du grec en syriaque les œuvres d'Aristote et les livres de médecine, de géométrie, d'astronomie, de grammaire et de rhétorique.

Mais l'histoire prouve que la culture scientifique ne demeure pas longtemps fidèle à l'orthodoxie. L'habitude des méthodes de critique et d'observation que l'on puise dans les sciences naturelles ne tarde guère à être transportée dans la théologie, et son premier résultat, c'est l'hérésie. Les doctrines de Nestorius servirent de texte à ces premières discussions. L'orthodoxie triompha, et son triomphe aboutit, en 432, à l'expulsion des docteurs par l'évêque Rabula. Son successeur Hiba les rappela. Mais, en 489, l'académie d'Édesse fut détruite par l'évêque Cyrus, d'après les ordres de l'empereur Zénon, un peu avant l'époque où Justinien forma, également au nom de l'orthodoxie, la célèbre école d'Alexandrie. Dans un cas comme dans l'autre, il en résulta la ruine plus ou moins complète de la culture des sciences, dont la chimie faisait dès lors partie.

Ce furent les Sassanides, ennemis de l'empire byzantin, qui recueillirent les proscrits. Les Syriens fugitifs se réfugièrent en Perse, où leurs connaissances en médecine leur assurèrent un bon accueil. Ils y développèrent l'école de Nisibe et fondèrent l'école hippocratique de Gandisapora, fort en honneur au temps des Chosroës. D'autres Syriens, les Jacobites ou monophysites, rivaux des Nestoriens, cultivaient les mêmes études dans leurs écoles de Résaïn, en Mésopotamie, et de Kinnesrin, en Syrie proprement dite. Enfin, pour compléter ce tableau, rappelons qu'une autre branche sémitique, les Sabéens idolâtres, avait conservé à Harran l'adoration des astres et les derniers vestiges de la culture babylonienne.

On voit comment se forma, vers le ve siècle, en Mésopotamie, un centre scientifique véritable, qui subsista jusqu'au xie siècle, époque à laquelle il fut détruit à son tour par le fanatisme musulman. C'est dans ce centre que s'alluma le flambeau de la science arabe, en chimie comme en médecine, en astronomie comme en philosophie.

Mais il est nécessaire de dire que ces écoles syriaques, si multipliées et si importantes, ont joué surtout un rôle de transmission. Il ne paraît pas qu'on doive leur rattacher aucune découverte propre, sauf peut-être celle du feu grégeois, attribuée à Callinique d'Héliopolis. Leur rôle se borna à traduire et à commenter les maîtres grecs en rhétorique et en philosophie, — celles d'Aristote surtout ; — en mathématiques et en astronomie, — qui comprenait alors l'astrologie ; — ainsi qu'en médecine et en chimie.

Sergius, évêque médecin du vi^e siècle, fut l'un de ces traducteurs, et son nom est cité à plusieurs reprises dans les ouvrages alchimiques grecs. Ajoutons que ces sciences, alchimie, médecine, astronomie, étaient cultivées par les mêmes personnes, aussi bien à la cour des Sassanides qu'à celle des empereurs byzantins. L'alchimiste grec Stéphanus, au temps d'Héraclius, avait la prétention de les enseigner toutes, et leur réunion concourait à procurer aux adeptes considération et respect, de la part des souverains.

Les savants syriens furent même envoyés plus d'une fois comme ambassadeurs à Constantinople par les rois persans. Mais leur autorité grandit encore après la conquête de la Syrie par les Arabes, conquête rendue plus facile par l'assentiment des indigènes. Les califes abbassides les recherchaient, à cause de leur habileté médicale ; ils les employaient comme ingénieurs, astrologues, trésoriers, et leur donnaient des villes et des provinces à gouverner. Ils avaient toute confiance dans ces personnages étrangers aux populations et que leur religion, aussi bien que leur inaptitude à exercer un commandement militaire, rendaient incapables d'avoir une influence indépendante de celle de leurs protecteurs. Ainsi firent les califes, depuis Al-Mansour, Haroun-al-Raschid, Al-Mamoun, jusqu'à Al-Moutawakkil, non sans être accusés plus d'une fois d'incroyance et d'hérésie par les musulmans rigides. Bagdad devint le siège d'écoles importantes et de bibliothèques, alimentées par les achats et les conquêtes des califes.

Citons quelques exemples de ces carrières de savants syriaques. Honein-ben-Ishak (809-877) était célèbre par sa science médicale. Al-Moutawakkil lui demanda de composer un poison pour se débarrasser d'un ennemi : le médecin ayant refusé, il fut mis en prison et y resta un an. Mais, au bout de ce temps, le calife, convaincu de sa vertu, lui donna toute sa confiance.

C'est là une histoire qui s'est souvent reproduite en Orient, même de nos jours. Le serment d'Hippocrate imposait précisément aux médecins l'interdiction de livrer du poison, dès les temps florissants de la Grèce, et Palgrave fait un récit analogue au précédent, dans son voyage en Arabie, en même temps qu'il nous apprend l'estime où les médecins syriens y sont encore tenus de nos jours.

Ishak profita de sa faveur pour développer la culture scientifique, telle qu'il l'entendait. Il se fit nommer président de la commission chargée de traduire les ouvrages des Grecs ; les unes de ces traductions étaient nouvelles, les autres, de simples révisions des traductions antérieures. Ces traductions avaient lieu soit en langue syriaque, soit en langue arabe. Elles comprirent : Euclide, Archimède, Hippocrate, Dioscoride, Galien, Aristote, Alexandre d'Aphrodisie, etc. Le fils et le neveu d'Ishak, confondus parfois avec lui, poursuivirent cette œuvre.

Ainsi s'accomplit autour des califes abbassides, du VIIIe au Xe siècle,

I. LES GRECS, LES LATINS, LES SYRIENS.

un travail de compilation et de résumé de la science antique, parallèle à celui qui avait lieu à la même époque à Constantinople, et qui a donné naissance, entre autres, aux collections de Constantin Porphyrogénète. Telle est aussi l'origine de la collection des alchimistes grecs, qui se trouve dans les principales bibliothèques d'Europe et que j'ai publiée il y a cinq ans ; telle est celle des alchimistes syriaques, conservée en manuscrits à Londres et à Cambridge, et que je viens également de publier, avec le précieux concours de M. Rubens Duval. Le moment est venu d'en donner une idée.

Ces écrits appartiennent à deux groupes distincts : les uns sont de simples traductions du grec ; les autres, au contraire, relèvent de la tradition arabe, et sont écrits dans cette langue, quoique en caractères syriaques. Pour le moment, nous parlerons seulement des compositions traduites du grec. Elles nous ont conservé toute une série d'ouvrages, dont quelques-uns existent même à la fois en original et en traduction, sauf quelque différence dans les versions, comme il arrive toujours.

Parlons d'abord du manuscrit du *British Museum*. Il débute par la liste des signes et des noms des métaux et des produits de matière médicale employés en chimie, signes et noms semblables ou identiques à ceux des auteurs grecs.

Cependant les noms des métaux sont joints, non-seulement à ceux des planètes correspondantes, mais aussi à ceux des divinités babyloniennes assimilées, dont Harran conservait le souvenir. L'étain est désigné à la fois par Zeus et par Bel ; le cuivre par Aphrodite et par Bilati, ou par Astera ; le plomb par Cronos et par Camosch, etc.

Les sept terres, les douze pierres employées comme remède et amulettes, les dix-neuf minéraux tinctoriaux employés pour colorer le verre, rappellent ces combinaisons numériques, si chères aux Orientaux et aux néo-pythagoriciens. Après ces nomenclatures, l'écrivain a transcrit une grande composition, partagée méthodiquement en dix livres, sous le titre de *Doctrine de Démocrite le Philosophe*. Elle débute en effet par la chrysopée et l'argyropée du pseudo Démocrite, suivie de préparations traduites du grec, relatives au travail des métaux, des verres colorés, et à la transmutation. C'est une pure compilation.

Le manuscrit syriaque de Cambridge a conservé, outre les textes contenus dans le précédent, une portion considérable de l'œuvre de Zosime, formant douze livres, perdus en grec. C'est le plus ancien ouvrage méthodique de chimie, dont le plan a été reproduit depuis lors et jusqu'à notre temps. En effet, chacun des livres de Zosime est consacré à un métal particulier et aux préparations, et teintures qui en dérivent. Ainsi les livres I et II traitent de l'argent sans titre, autrement dit *asem* ou argent d'Égypte. D'autres livres ont pour titre le *Travail du cuivre*, le *Travail de l'étain*, le *Travail du mercure*, le *Travail du plomb*, le *Travail de l'électrum*, le *Travail du fer*. On y voit apparaître quelques préparations désignées par le nom de leurs auteurs, Tertullus par exemple, conformément aux usages de la science moderne. Mais cet usage était contraire aux traditions égyptiennes, et Zosime ajoute que les prêtres s'y opposaient, attribuant tout aux livres d'Hermès, personnification du sacerdoce égyptien ; ce qui est conforme aux indications des auteurs connus, tels que Diodore de Sicile, Jamblique, Tertullien, Galien, etc. On voit combien la science résistait alors aux attributions personnelles.

Là aussi Zosime parle des idoles colorées, réputées vivantes et qui inspiraient la terreur au vulgaire, dans un langage qui rappelle les fraudes signalées par Héron d'Alexandrie et par les pères de l'église. À côté des recettes techniques, on lit des mythes singuliers, tels que le récit tiré du livre d'Enoch, sur les anges séducteurs qui ont enseigné les arts aux femmes, la source d'étain liquide, à laquelle on offre une vierge, les miroirs magiques d'électrum construits par Alexandre, et les talismans d'Aristote ; ces légendes, qui envisageaient Alexandre et Aristote comme des magiciens, remontent aux Alexandrins, et elles ont passé aux Arabes, puis au moyen âge latin. Les talismans de Salomon figurent également ici. Ce sont de nouvelles preuves de la connexion qui n'a pas cessé d'exister entre les pratiques magiques et les pratiques alchimiques, depuis les Grecs et les Syriens jusqu'aux Arabes.

Signalons un morceau bizarre, qui semble écrit au temps de la lutte des chrétiens contre l'hellénisme, et où l'auteur ignorant confond Hippocrate avec Démocrite. Il l'envisage comme le bienfaiteur de l'humanité et l'oppose à Homère, regardé comme le créateur du mal dans le monde et le type de la perversité. Il a été maudit de Dieu et

I. LES GRECS, LES LATINS, LES SYRIENS.

justement frappé de cécité, et cependant ses paroles font autorité dans les tribunaux et autres lieux d'oppression ; sa doctrine rend les juges contempteurs de la justice. Ce passage a-t-il été composé au IIIe siècle de notre ère, ou bien plus tard, par quelque médecin de l'École dite hippocratique de Gandisapora ?

En résumé, l'alchimie syriaque est formée surtout des traductions des alchimistes grecs, dont elle a conservé de précieux fragments. Si elle offre quelque trace des traditions babyloniennes et persanes qui n'ont pas passé par l'intermédiaire des Alexandrins, cependant elle ne contient aucune doctrine nouvelle, ni même aucun fait important, aucune préparation essentielle qui n'existe pas chez les Grecs. Les Syriens, malgré leur zèle pour la science, ne sont pas parvenus à une véritable originalité ; leurs œuvres n'ont joué qu'un rôle dans l'histoire, celui de maintenir la continuité de la culture intellectuelle et de servir de point de départ à la science arabe.

II. LES ARABES.

L'alchimie arabe a été réputée pendant longtemps le véritable point de départ de la science chimique : on attribuait aux Arabes la découverte de la distillation, celle des acides et des sels métalliques, bref la plupart des connaissances chimiques antérieures au XVIe siècle. Les traditions qui rattachaient la chimie à Hermès, c'est-à-dire à l'Égypte, étaient regardées comme imaginaires ; les débuts de notre science ne remontaient pas, disait-on, au-delà des croisades. Ces affirmations, que l'on trouve dans un grand nombre d'auteurs du commencement de ce siècle, n'ont en réalité d'autre fondement que l'ignorance où ils étaient des véritables sources, je veux dire des textes grecs, syriens et arabes, demeurés manuscrits dans les bibliothèques ; joignez-y le mépris que les adeptes d'une science, constituée enfin sur des bases rationnelles, professaient alors pour les opinions incertaines et confuses de leurs prédécesseurs, et l'impossibilité apparente de débrouiller le fatras symbolique et mystique, accumulé par les auteurs des XVe et XVIe siècles. Mais aujourd'hui, cet état d'esprit a bien changé. Nous avons en toutes choses le souci de remonter aux origines et d'y chercher la compréhension des idées ultérieures.

Marcellin Berthelot

Les textes anciens ont été publiés, traduits, commentés : en grande partie, qu'il me soit permis de le rappeler, par moi-même, ou sous ma direction. Or ces textes ont révélé tout un ordre nouveau de faits positifs et de doctrines coordonnées et rationnelles. Ils ont ressuscité la science chimique de l'antiquité et nous ont livré la clé de ces systèmes en honneur jusqu'au XVIIIe siècle et qui représentaient, sous le voile de leurs emblèmes, toute une philosophie, connexe avec la métaphysique des Alexandrins, disciples de Platon et d'Aristote.

Dès lors, l'alchimie arabe a dû tomber au second rang : en réalité, les Arabes ne sont pas les créateurs de la science, ils en ont été seulement les continuateurs. À ce titre même, leur rôle a été fort exagéré, parce qu'on leur a attribué non-seulement les travaux de leurs prédécesseurs helléniques, sur la distillation par exemple, mais aussi les découvertes faites par leurs successeurs dans l'Occident, aux XIVe et XVe siècles. Les œuvres purement latines du faux Geber, écrites du XIVe au XVIe siècle par divers pseudonymes, ont contribué à cet égard à jeter sur l'histoire de la chimie une obscurité qui n'est pas encore dissipée. Mais la publication des ouvrages authentiques des chimistes arabes et de celles du véritable Geber, en particulier, fait à cet égard une lumière définitive, et permet d'assigner à l'œuvre des Arabes son importance et son caractère réels. — Je vais essayer d'en donner une idée aux lecteurs de la *Revue*.

Les écrits chimiques en langue arabe se partagent en deux catégories distinctes : les uns sont de véritables traités descriptifs et pratiques de chimie, analogues aux traités de matière médicale, mais coordonnés suivant des principes et une méthode que nous ne trouvons ni chez les Grecs, ni chez les Syriens ; les autres écrits sont au contraire des compositions théoriques, mêlées de philosophie et de mysticisme, et où l'on rencontre sur la constitution des métaux des idées et des notions qui existaient seulement en germe chez les Grecs, et que les Arabes ont dégagées et systématisées. On y trouve même des poètes, comme dans tout ordre d'idées susceptible d'ouvrir de vastes horizons et d'exciter l'enthousiasme : il existe toute une littérature poétique d'alchimistes byzantins, arabes, latins, enivrés d'espérances chimériques.

Rappelons ici dans l'histoire scientifique que le mot « arabe » offre quelque chose d'illusoire ; en réalité, ce sont des auteurs syriens, persans et espagnols, qui ont employé la langue arabe, à la suite du grand mouvement qui suivit la conquête musulmane. Ce mouvement s'étendit à toutes les branches de la culture scientifique et philosophique ; mais il est trop étendu pour que je puisse même essayer de le résumer dans son ensemble ; l'étude seule de son développement en chimie représente déjà un travail considérable.

Je parlerai d'abord des personnes, c'est-à-dire des alchimistes arabes, puis de leurs ouvrages authentiques, de ceux de Geber en particulier, et je terminerai en examinant les connaissances positives des Arabes en chimie et les acquisitions que la science leur doit réellement.

I. — LES ALCHIMISTES ARABES : LEURS PERSONNES.

L'histoire personnelle des alchimistes arabes est retracée dans plusieurs encyclopédies écrites dans cette langue, spécialement dans le Kitab-al-Fihrist.

D'après les auteurs de ces compilations, le premier musulman qui ait écrit sur l'art alchimique fut Khaled-ben-Yezid-ibn-Moaouïa, prince Ommiade, de la noble tribu des Koréischites, mort en 708 ; ce fut un personnage considérable, qui prétendit au khalifat, mais dont les circonstances déçurent l'ambition et annihilèrent le rôle politique. Il se rejeta vers l'étude des sciences et devint l'un des promoteurs de la culture grecque en Syrie. Il compta parmi ses maîtres un moine syrien, nommé Marianos.

On attribue à Khaled et à Marianos divers ouvrages alchimiques ; mais ces attributions sont aussi incertaines que celles des ouvrages grecs supposés écrits par les empereurs Héraclius et Justinien II, qui ont vécu à la même époque. Les uns et les autres étaient protecteurs des savants de leur temps, et grands fauteurs de médecine, d'astrologie et d'alchimie. Aussi les contemporains ont-ils mis sous leur nom diverses œuvres relatives à ces matières, soit qu'elles aient été composées réellement avec leur patronage ; soit que les auteurs, restés anonymes, aient voulu se couvrir d'une grande autorité, du vivant même de ces personnages, ou dans la génération qui les suivit et qui conservait le souvenir de leur puissance. Aucun traité de Khaled ou de Marianos, dans son texte arabe ou syriaque, n'est venu jusqu'à nous, à ma connaissance ; mais nous possédons des traductions latines de livres qui portent leur nom : seulement, par suite d'une altération commune aux mots sémitiques, où les voyelles comptent peu, Marianos est devenu en latin Morienus. L'une de ces traductions est même la plus ancienne œuvre arabico-latine qui porte une date certaine, celle de 1182, où elle fut exécutée par Robertus Castrensis. L'auteur original dit être devenu moine quatre ans après la mort d'Héraclius, et il rapporte sa science au Livre de la chimie, composé par Hermès : il reproduit un certain nombre des axiomes des Grecs ; la seconde partie de son opuscule consiste dans un dialogue avec Khaled (écrit Calid). Sous le nom de Calid même, on possède également des traductions latines, d'authenticité incertaine. Il aurait eu, dit-on, pour disciple Djaber-ben-Hayyan-Eç-Çoufy, le célèbre Geber des Latins.

Cependant les notices biographiques consacrées à ce dernier par les auteurs arabes laissent flotter sa personnalité dans un milieu un peu légendaire. Il était, d'après les uns, natif de Tousa, ville du Khorassan, et établi à Koufa, en Mésopotamie ; tandis que Léon l'Africain prétend que c'était un chrétien grec, converti à l'islamisme. D'autres chroniqueurs le font naître à Harran, parmi les Sabéens, c'est-à-dire parmi les derniers partisans du culte des astres et des religions babyloniennes. Enfin, d'après le Kitab-al-Fihrist, certains historiens contestaient même l'existence de Geber. L'époque de sa vie est incertaine entre le VIIIe et le IXe siècle. En effet, le récit qui en fait un disciple de Khaled le placerait au début du XIIIe siècle ; tandis que d'autres historiens le rattachent au groupe des Barmécides, contemporains d'Haroun-al-Raschid, qui ont vécu un siècle plus tard. On ne sait rien de précis sur sa vie et on lui attribue des centaines d'ouvrages, ou de mémoires, dont j'ai reproduit ailleurs la longue liste, traduite du Kitab-al-Fihrist. Plus d'un de ces ouvrages est dû en réalité à ses disciples, ou à ses imitateurs. Quoi qu'il en soit, Geber avait écrit sur toutes sortes de sujets et sa réputation domine celle des autres alchimistes : Rasès et Avicenne le déclarent le maître des maîtres. Sa réputation a grandi pendant le moyen âge latin, et Cardan le proclamait, au XVIe siècle, l'un des douze génies les plus subtils du monde. — Or l'étude directe des œuvres arabes de Geber ne justifie que bien imparfaitement cet enthousiasme. Sans doute elles comprennent un vaste domaine, dans l'ordre des connaissances humaines ; mais Geber vivait à une époque de décadence et sa force d'esprit ne répond pas à l'étendue des sciences qu'il a essayé d'embrasser. On en jugera tout à l'heure, quand j'analyserai quelques-unes de ses œuvres authentiques : je parle des œuvres arabes, bien entendu, les écrits latins qui portent son nom étant apocryphes.

Mais poursuivons l'histoire des chimistes arabes. Après Geber, on cite Dz'oun-Noun-El-Misri ; Maslema, astronome et magicien espagnol, mort en 1007 ; Er-Râzi, autrement dit Rasès, célèbre médecin auquel on attribue divers traités traduits en latin ; Ishaq-ben-Noçair, habile dans la fabrication des émaux ; Toghrayi, mort en 1122 ; Amyal-et-Temîmi et divers autres ; El-Farabi ; enfin au XIIe siècle, Ibn-Sina, notre Avicenne, médecin, alchimiste et personnage politique.

Nous possédons sous son nom une alchimie latine qui porte les caractères d'une œuvre traduite de l'arabe et dont les exposés et les doctrines, conformes à ceux de Vincent de Beauvais et d'Albert le Grand, autorisent à admettre l'authenticité : je veux dire que c'est un livre arabe, car on ne saurait affirmer qu'il a été écrit par Avicenne lui-même, le texte arabe étant perdu et le texte latin portant les traces de fortes interpolations, d'origine espagnole principalement. J'en extrairai seulement les lignes suivantes, qui montrent à quel degré la science avait développé, dès lors, chez ses partisans, la tolérance et le scepticisme. « Jacob, le Juif, homme d'un esprit pénétrant, m'a enseigné beaucoup de choses, et je vais te répéter ce qu'il m'a enseigné. Si tu veux être un philosophe de la nature, à quelque loi (religion) que tu appartiennes, écoute l'homme instruit, à quelque loi qu'il appartienne lui-même, parce que la loi du philosophe dit : Ne tue pas, ne vole pas, ne commets pas de fornication, fais aux autres ce que tu fais pour toi-même. » Il y a là l'affirmation de la communauté de sentiments entre les adeptes de la science d'alors, quelle que fût leur confession religieuse, communauté exceptionnelle aux XIIe et XIIIe siècles. Il y a même l'affirmation d'une morale purement philosophique, ce qui était une hérésie et une impiété, pour les musulmans aussi bien que pour les chrétiens.

Quoi qu'il en soit, vers cette époque s'engagea une première polémique sur la réalité de la transmutation des métaux, que les alchimistes grecs n'avaient jamais pensé à mettre en doute. Ibn-Teimiya, Yakoub-el-Kindi et Ibn-Sina la contestent ; tandis qu'Er-Râzi et Toghrayi en maintiennent l'existence. Ibn-Khaldoun, en rapportant cette polémique, ajoute malignement qu'Ibn-Sina, qui niait la transmutation, était grand-vizir et riche ; tandis qu'El-Farabi, qui y croyait, était misérable et mourait de faim. À mesure que les expériences se multipliaient, la transmutation semblait plus difficile et plus incertaine. Déjà on commençait à donner la liste des philosophes qui l'avaient accomplie autrefois. « Tous ceux qui sont venus après eux, dit le Kitab-al-Fihrist, ont vu leurs efforts impuissants. » C'est ainsi que l'efficacité des oracles, dans le monde grec, et la réalité des miracles, dans le monde moderne, ont été rejetées de plus en plus dans le passé.

Tel est le résumé de l'histoire des alchimistes arabes, jusqu'au temps des croisades, époque où les Latins eurent connaissance de leurs travaux, par l'Espagne principalement. Les musulmans n'ont pas cessé depuis d'écrire sur ce sujet. De nos jours même, il existe chez eux des ouvrages d'alchimie moderne, au Maroc et ailleurs : ouvrages tenus secrets par leurs propriétaires, qui prétendent s'assurer le monopole de recettes chimériques ; les rêves du moyen âge durent encore dans les pays musulmans, demeurés étrangers aux progrès de la science européenne.

II. — LES ALCHIMISTES ARABES : LEURS DOCTRINES.

Le moment est venu d'examiner les ouvrages de la chimie arabe, publiés d'après les manuscrits authentiques des bibliothèques de Paris, de Leyde et de Londres, afin de donner une idée des connaissances réelles de leurs auteurs. Ces ouvrages se partagent, ainsi que je l'ai dit, en deux catégories : *les Traités pratiques*, dont je citerai un type, remontant vers le XIIe siècle ; et *les Traités théoriques*, contenus dans les manuscrits de Paris et de Leyde. Commençons par ces derniers.

On y rencontre d'abord quelques livres imprégnés de souvenirs gréco-égyptiens, tels que *le Livre de Cratès*, peut-être dérivé d'un original grec et le seul qui transcrive quelques signes alchimiques ; le *Livre d'El-Habib* et le *Livre d'Ostanès*, tout rempli d'allégories et de citations caractéristiques, mais auquel il serait superflu de nous arrêter.

Les *Traités de Geber*, qui occupent une centaine de pages in-4°, méritent une attention plus particulière, sinon par leur valeur propre, du moins par la réputation de l'auteur et le jugement qu'ils permettent de porter sur lui. Ils sont compris, d'ailleurs, dans les listes du Kitab-al-Fihrist. D'après ces listes, qui occupent plusieurs pages, les œuvres de Geber étaient distribuées en séries, désignées par des indications numériques, telles que les *112 livres* ; les *70 livres* ; les *10 discours* ; les *20 ouvrages* ; les *17*, les *30*, etc., comprenant l'ensemble des sciences. La plupart de ces ouvrages sont de simples opuscules ou mémoires. Geber y reste d'ordinaire dans le domaine des déclamations vagues et charlatanesques. Il recommande le secret et renouvelle sans cesse sa profession de bon musulman, comme s'il craignait qu'on en suspectât la sincérité. Le passage suivant donnera une idée de sa méthode d'exposition :

« Au nom du Dieu clément et miséricordieux ! Djaber-ben-Hayyan s'exprime en ces termes : — Mon maître (que Dieu soit satisfait de lui !) m'appela : ô Djaber ! — Maître, lui répondis-je ; me voici à vos ordres. — Parmi tous les livres que tu as composés et dans lesquels tu as traité de l'œuvre,.. il en est qui ont la forme allégorique et dont le sens apparent n'offre aucune réalité. D'autres ont la forme de traités pour la guérison des maladies et ne sauraient être compris que par un savant habile. Quelques-uns sont rédigés sous forme de traités astronomiques... Il en est qui ont la forme de traités de littérature, où les mots sont employés tantôt avec leur sens véritable, tantôt avec un sens figuré ; or, la science qui donne l'intelligence de ces mots a disparu et les initiés n'existent plus. Personne après toi ne pourra donc plus en saisir le sens exact... Enfin, tu as composé de nombreux ouvrages sur les minéraux et les drogues, et ces livres ont troublé l'esprit des chercheurs, qui ont consumé leurs biens, sont devenus pauvres et ont été poussés par le besoin à frapper des monnaies de faux poids, ou à fabriquer des pièces fausses. Cette pauvreté et cette détresse les ont encore amenés à employer la ruse vis-à-vis des gens riches, et la faute en est à toi et à ce que tu as écrit dans tes ouvrages... »

Cependant, au milieu de ces développements prolixes et sans

précision, on peut démêler certaines idées philosophiques, de source hellénique, pour la plupart. Toutes choses résultent de la combinaison des quatre éléments : le feu, l'air, l'eau et la terre, et des quatre qualités : le chaud et le froid, le sec et l'humide. Quand il y a équilibre entre leurs natures, les choses deviennent inaltérables ; elles subsistent alors en dépit du temps et résistent à l'action de l'eau et du feu ; ainsi fait l'or naturel. Tel est encore le principe de l'art médical, appliqué à la guérison des maladies. On retrouve dans Geber l'assimilation des métaux aux êtres vivants, en tant que constitués par l'association d'un corps et d'une âme, théorie empruntée aux alchimistes alexandrins et conforme aux théories aristotéliques sur la forme et la matière. Mais on y rencontre aussi des notions nouvelles, comme la doctrine des qualités occultes des êtres, opposées à leurs qualités apparentes ; théorie développée dans des termes et avec une précision inconnus des alchimistes grecs. « Le plomb, dit Geber, est, à l'extérieur, froid et sec, et à l'intérieur, chaud et humide ; tandis que l'or, à l'extérieur, est chaud et humide, mais froid et sec à l'intérieur. Donc l'intérieur de l'or est pareil à l'extérieur du plomb, et l'extérieur de l'or pareil à l'intérieur du plomb. De même l'étain comparé à l'argent. » Rasès déclare également que le cuivre est de l'argent en puissance : « celui qui en extrait radicalement la couleur rouge le ramène à l'état d'argent ; car il est en apparence cuivre et dans son intimité secrète argent. » Ces idées peuvent paraître étranges aux savants d'aujourd'hui ; mais il faut les connaître si l'on veut comprendre la direction des travaux des alchimistes du moyen âge. Peut-être en retrouverait-on quelque trace dans nos opinions sur les fonctions opposées, et les rôles électro-chimiques contraires que peut remplir un même élément dans ses combinaisons.

Les *Traités* de Geber ne comprennent pas seulement l'alchimie. On y rencontre un résumé de la *Logique* d'Aristote, des dissertations mêlées de chimie et de métaphysique sur le corps, l'âme et l'accident et sur les dix-sept forces qui constituent toute chose ; des exposés médicaux et physiologiques sur la nutrition, la digestion, l'utérus, sur les compartiments du cerveau et la localisation des facultés, imagination, mémoire et intelligence ; c'est un premier essai de phrénologie. Après avoir présenté une série de *Pourquoi* sur les matières animales, végétales, minérales,

II. LES ARABES.

série analogues aux *Problèmes* d'Aristote, et qui atteste un mélange singulier de crédulité puérile et de charlatanisme, Geber invoque la nécessité des connaissances astrologiques, en raison des influences sidérales sur les phénomènes et sur les personnes.

Non-seulement il croit à l'astrologie ; mais il reproduit les idées pythagoriciennes de Stéphanus, contemporain d'Héraclius, sur les quatre éléments, les sept métaux, les douze fauteurs de l'œuvre et il expose le calcul mystérieux du Djomal, d'après lequel les noms des choses en font connaître la nature. Pour faire pénétrer le lecteur plus profondément dans la connaissance de la science orientale, il n'est peut-être pas inutile d'en donner une idée. Le nom d'une chose ou d'un être, d'après Ptolémée, dit notre auteur, est déterminé d'une manière fatale par la conjonction des astres au jour de sa naissance. Rangeons donc les vingt-quatre lettres de l'alphabet dans un tableau à double entrée, formé de quatre colonnes verticales, comprenant six rangées horizontales : les quatre colonnes représenteront la sécheresse, l'humidité, le froid et la chaleur, et les six rangées, les divisions numériques exprimées par les mots degré, minute, seconde, tierce, quarte, quinte. Soit maintenant un nom formé d'un certain nombre de lettres, cherchons la place occupée par chacune de ses lettres. Si la seconde lettre, par exemple, tombe dans la colonne de la chaleur et dans la rangée des minutes, elle donnera deux minutes de chaleur ; on fera la même évaluation pour chacune des lettres du mot et chacune des quatre qualités : la somme indiquera la proportion des quatre qualités fondamentales dans le mot lui-même, c'est-à-dire dans la chose qu'il exprime. Si c'est une substance destinée à un usage médical ou chimique, on en cherchera une ou plusieurs autres, susceptibles d'équilibrer par compensation les éléments actifs de la première. « Installez alors votre chaudron, dit Geber, et faites chauffer à un feu léger les substances qui s'équilibrent, afin qu'elles se pénètrent et forment un mélange intime et permanent. »

Si j'ai reproduit ces rêveries subtiles, renouvelées des médecins mathématiciens de l'Égypte, c'est afin de montrer quel mélange de données réelles et de calculs chimériques constituait la science arabe, mélange qui subsiste même de notre temps dans la science orientale : car elle n'est jamais parvenue à la conception purement rationnelle, qui élimine le mystère et le mysticisme de la

Marcellin Berthelot

connaissance positive de l'univers.

Quelques mots encore sur une théorie de la constitution des métaux, qui paraît due aux Arabes et qui a été souvent attribuée à Geber, quoiqu'on n'en trouve aucune trace dans ses œuvres authentiques, connues jusqu'à présent. Je veux parler de cette théorie d'après laquelle les métaux seraient formés de mercure, de soufre et d'arsenic (sulfuré). L'arsenic est de trop ici, car il était rangé autrefois dans la classe du soufre ; mais la doctrine dont il s'agit figure sous sa forme précise dans les traductions arabico-latines, d'apparence authentique, écrites au XIIIe siècle. Ainsi l'alchimie dite d'Avicenne explique d'abord que tout métal doit être réputé formé de mercure et de soufre, parce qu'il peut être rendu fluide par la chaleur et prendre ainsi l'apparence du mercure, et parce qu'il peut produire de l'*azenzar*, qui possède la couleur (jaune ou rouge) du soufre. Par ce mot *azenzar* ou *açur*, l'auteur entendait à la fois le cinabre et l'oxyde de mercure, le minium, le protoxyde de cuivre, le peroxyde de fer, en un mot tous les sulfures et oxydes métalliques de teinte rouge. Les modernes savent aujourd'hui distinguer tous ces corps les uns des autres ; mais les auteurs anciens et les alchimistes grecs, aussi bien que les arabes, les confondaient sous des noms communs ; et cette confusion était invoquée comme la preuve d'une théorie sur la constitution des métaux.

Voici quel système, en effet, avait été construit sur ces prémisses. « L'or est engendré par un mercure brillant, associé avec un soufre rouge et clair. — Le mercure blanc, fixé par la vertu d'un soufre blanc, engendre une matière que la fusion change en argent. — Le cuivre est engendré par un mercure trouble et épais, et un soufre trouble et rouge. — L'étain est engendré par un mercure clair et un soufre blanc et clair, cuit pendant peu de temps ; si la cuisson est très prolongée, il devient argent, etc. Cette génération des métaux est accomplie en cent ans dans les entrailles de la terre ; mais l'art pourrait en abréger l'accomplissement. Il s'effectue alors en quelques heures, ou en quelques minutes. »

Ces doctrines singulières montrent quelles idées on se faisait alors de la constitution des métaux et quelles théories guidaient les alchimistes, dans cette région ténébreuse et complexe des métamorphoses chimiques. Peut-être ne doit-on pas traiter ces idées avec trop de dédain, si on les compare avec les conceptions en honneur parmi les chimistes d'aujourd'hui sur les séries périodiques des corps simples, alignés en progressions arithmétiques, et sur la formation supposée des métaux dans les espaces célestes.

Quoi qu'il en soit, on voit par là quelles ont été les additions faites par les Arabes aux idées des alchimistes grecs. C'est aux Grecs, en effet, à qui ils ont emprunté le dogme fondamental de l'unité de la matière et l'hypothèse de la transmutation, ainsi que la notion du mercure des philosophes ; ils ont seulement modifié la doctrine de la teinture de ce mercure quintessencié par le soufre et les composés arsenicaux, en la remplaçant par la composition même de ces métaux, au moyen de deux éléments mis sur le même rang, le mercure et le soufre, et ils ont développé toutes ces théories par des rêveries numériques et des subtilités sans fin.

Tel est notamment le cas du véritable Geber, d'après la lecture de ses ouvrages authentiques. Il diffère extrêmement du personnage qui a usurpé son nom dans les histoires de la chimie. Le dernier personnage, en effet, est apocryphe, et il représente les œuvres réunies de plusieurs générations de faussaires.

Ce récit vaut la peine d'être fait. En effet, la littérature alchimique, comme la littérature prophétique, est remplie d'apocryphes, depuis l'Égyptien Hermès, divinité changée en homme et auteur pseudo-épigraphe de tant d'écrits, à partir des prêtres de Thèbes et de Memphis, qui mettaient sous son nom tous leurs ouvrages, jusqu'aux Alexandrins, dont certaines élucubrations attribuées à Hermès Trismégiste nous sont parvenues, enfin jusqu'aux Arabes et aux Occidentaux, qui n'ont cessé de multiplier au moyen âge, et même au XIXe siècle, les livres mis sous le nom d'Hermès.

Le pseudo Démocrite est le plus vieil auteur de personnalité humaine dont les alchimistes grecs invoquent l'autorité. Le pseudo Aristote et le pseudo Platon sont des alchimistes arabes ; les pseudo Raymond Lulle ont rempli les collections alchimiques latines de leurs œuvres, écrites du XIVe au XVIe siècle. Mais la plupart de ces faussaires ont été démasqués de bonne heure. Le pseudo Démocrite était déjà suspect au temps d'Aulu-Gelle ; la fraude du pseudo Aristote était reconnue par Vincent de Beauvais. Les pseudo Raymond Lulle ont été percés à jour par M. Hauréau ; tandis que la réputation du pseudo Geber est demeurée incontestée pendant tout le moyen âge et jusqu'à l'époque présente. Cependant elle ne saurait résister, ni à l'examen attentif de ses œuvres latines, ni surtout à leur comparaison avec les écrits arabes du véritable Geber. Le nom de Geber, comme le nom de Raymond Lulle, a servi de couverture et de passe-partout à des auteurs divers et anonymes, qui ont mis sous son patronage autorisé des œuvres écrites au XIVe, au XVe et au XVIe siècle ; les éditeurs sans critique des livres alchimiques ont réuni aux XVIe et XVIIe siècles tous ces traités, sous une attribution identique dans leurs collections imprimées. Quelques détails sont ici nécessaires pour bien établir ce point, qui touche au cœur de l'histoire de l'alchimie arabe.

Les principaux ouvrages latins attribués à Geber sont : la *Somme*, ou *Traité de la fabrication parfaite du magistère*, la *Recherche de la perfection*, la *Découverte de la vérité*, le *Livre des fourneaux*, le *Testament de Geber, roi de l'Inde*, et l'*Alchimie de Geber* ; on y a même ajouté par surcroît divers traités d'astronomie, composés en réalité par un homonyme de Séville, qui vécut au XIVe siècle. Parmi les ouvrages chimiques, les deux derniers sont beaucoup plus modernes que les autres, car ils décrivent des préparations telles que l'acide nitrique et l'eau régale, qui ne figurent pas dans la *Somme*, ni chez aucun auteur, avant le milieu du XIVe siècle. La *Recherche de la perfection*, la *Découverte de la vérité*, le *Livre des fourneaux*, ne sont autre chose que des extraits de la *Somme*, accrus par des additions postérieures. La *Somme* est donc à la fois l'œuvre capitale et l'œuvre la plus ancienne parmi ces apocryphes. Elle est rédigée avec une méthode, une logique, une précision inconnues du véritable Geber ; on y trouve, au contraire, cette forte influence exercée par la scolastique sur l'art d'écrire et de raisonner. « L'or est un corps métallique, jaune, pesant, non sonore, brillant.., malléable, fusible, résistant à l'épreuve de la coupellation et de la cémentation. D'après cette définition, on peut établir qu'un corps n'est point de l'or, s'il ne remplit pas les conditions positives de la définition et de ses différenciations. » Tout ceci est d'une fermeté de pensée et d'expression inconnue aux auteurs antérieurs, notamment au Geber arabe.

L'auteur latin expose et discute les raisonnements de ceux qui nient l'existence de l'alchimie, suivant toutes les règles de la philosophie de son temps. On y relève cette objection terrible, qui a fini par tuer l'ancienne alchimie : « Voici bien longtemps que cette science est poursuivie par des gens instruits ; s'il était possible d'en atteindre le but par quelque voie, on y serait parvenu déjà des milliers de fois. Nous ne trouvons pas la vérité, sur ce point, dans les livres des philosophes qui ont prétendu la transmettre. Bien des princes et des rois de ce monde, ayant à leur disposition de grandes richesses et de nombreux philosophes, ont désiré réaliser cet art, sans jamais réussir à en obtenir les fruits précieux : c'est donc là un art frivole. » Or, rien d'analogue ne se lit dans le Geber arabe. Ce dernier croit à l'influence des astres sur les métaux, tandis que l'auteur latin la nie. On ne trouve nulle part chez l'auteur latin ce mélange perpétuel d'illusion mystique et de charlatanisme qui caractérise l'écrivain arabe. Enfin dans l'auteur latin, il n'y a aucun indice d'origine arabe, ni dans la méthode, ni dans les faits, ni dans les mots, ou les personnages cités, ni dans les allusions à l'islamisme, si fréquentes chez l'auteur arabe et qui font ici complètement défaut. Ajoutons que Vincent de Beauvais, contemporain de saint Louis, dans son encyclopédie (*Speculum naturale*) ne reproduit pas une seule ligne de la *Somme* ; il cite deux ou trois fois Geber, mais uniquement d'après l'alchimie latine d'Avicenne, dont il reproduit textuellement les phrases, ainsi que celles de divers autres alchimistes qu'il avait entre les mains. Nous pouvons en conclure que Vincent de Beauvais ignorait l'existence de cette œuvre latine de Geber, qui a été probablement composée après lui. La même vérification s'applique aussi à Albert le Grand, autre compilateur célèbre du XIIIe siècle : il ignore complètement le pseudo Geber. On voit par là comment l'attribution des ouvrages latins du pseudo Geber aux Arabes a faussé toute l'histoire de la science, en supposant dans ceux-ci des connaissances positives qu'ils n'ont jamais possédées.

III. — LES ALCHIMISTES ARABES : LEURS CONNAISSANCES POSITIVES.

Examinons maintenant les connaissances positives des Arabes en chimie, d'après leurs écrits authentiques, afin de les comparer d'une part à celles des savants grecs qui les ont précédés, et d'autre part à celles des savants latins qui les ont suivis et qui ont été les précurseurs les plus prochains de la chimie moderne.

Ces connaissances sont présentées dans une série de traités techniques, parvenus jusqu'à nous. Je citerai d'abord un ouvrage arabe, écrit en lettres syriaques, contemporain des croisades, et que j'ai publié récemment. Il convient de le rapprocher de l'ouvrage de matière médicale d'Ibn-Beithar, en grande partie reproduit de Dioscoride, et que M. Leclerc a imprimé dans les collections de l'Académie des Inscriptions. — À côté de ces deux ouvrages, écrits en langue arabe, les seuls dont on ait donné des traductions modernes, il convient de citer les vieilles traductions latines manuscrites, faites vers le XIIe siècle, des traités qui portent le nom de Rasès et le nom de Bubacar, ainsi que les alchimies attribuées à Avicenne et au pseudo Aristote, imprimées aux XVIe et XVIIe siècles. Les textes originaux ne devaient pas être beaucoup plus anciens que le XIIIe ; mais ils sont perdus ou inconnus. Heureusement, la grande similitude de ces traductions avec le traité arabe cité plus haut en atteste l'authenticité, et la comparaison des faits qui y sont contenus avec ceux relatés par Albert le Grand et par Vincent de Beauvais permet de retracer avec une exactitude suffisante le tableau des connaissances positives des Arabes en chimie, au temps des croisades, en même temps que celles des Latins, avec lesquels ils sont entrés alors en relation.

Entrons dans les détails. L'ouvrage arabe que j'ai cité tout à l'heure possède un caractère pratique, exempt des théories et déclamations des alchimistes doctrinaires. On y trouve, mis bout à bout, deux traités. L'un d'eux surtout est un véritable traité de chimie, décrivant avec méthode les substances et les opérations. Il débute par ces mots : « De la connaissance des corps métalliques, des esprits et des pierres… Sache qu'il y a sept corps métalliques, sept pierres et sept choses composées. Tout cela rentre dans la pratique de l'art. Les objets rouges sont bons pour le travail de l'or ; — les objets blancs pour le travail de l'argent. »

Suivent les sept métaux : or, argent, fer, cuivre, étain, plomb, mercure, et leurs noms multiples. Mais les signes alchimiques grecs ne figurent plus ici : ils disparaissent après les Syriens, peut-être à cause de l'horreur des musulmans pour la magie et les représentations figurées. Les signes alchimiques manquent

II. LES ARABES.

également dans les manuscrits latins du XIIIe siècle et ils ne reparaissent que vers la fin du XIVe, ou plutôt dans le cours du XVe ; sans doute, par suite de l'influence directe exercée alors de nouveau par les auteurs grecs.

Après les métaux viennent les esprits ou corps volatils, capables d'agir sur les métaux, au nombre de quatre à l'origine : mercure, soufre, arsenic (sulfure), sel ammoniac ; puis ils ont été portés au chiffre sept par symétrie, l'arsenic étant dédoublé en arsenic rouge (réalgar) et arsenic jaune (orpiment) et le soufre distingué en soufre jaune, rouge et blanc. Le mercure est à la fois compris dans la classe des corps et dans celle des esprits. Les pierres sont partagées en pierres contenant des esprits, c'est-à-dire susceptibles de fournir des liquides et des sublimés par l'action de la chaleur (au contact de l'air), au nombre de sept : ce sont les marcassites (sulfures métalliques), les vitriols (sulfates de fer, d'alumine, de cuivre, etc.) et les sels ; — et en pierres ne contenant pas d'esprits.

Chaque genre de pierres est à son tour partagé en sept espèces, par exemple : la marcassite dorée, argentée, ferrugineuse, cuivreuse, etc. Il y a sept sels naturels et sept sels artificiels. Il y a sept aluns, sept fondants, désignés par le mot borax, qui a pris chez les modernes un autre sens. Sept minéraux entrent dans les préparations : cadmie, litharge, minium, céruse, sel alcalin, chaux vive, verre, et l'on emploie aussi le cinabre, le vert-de-gris, le stibium, l'émail, etc.

J'ai cru devoir reproduire toute cette liste, qui fait connaître le tableau des substances chimiques en usage au XIIIe siècle. On remarquera que ces substances sont ordonnées suivant les principes d'une classification analogue à ce que l'on a appelé plus tard en botanique la méthode naturelle, mais dominée par l'intervention systématique du nombre sept.

Après la description des matières employées en chimie, vient celle des ustensiles et appareils : marmite, matras, cucurbite, alambic, mortier et pilon, fourneaux, etc. ; puis celle des sept opérations : chauffage ou cuisson, sublimation des corps et des esprits, distillation à feu nu ou au bain-marie, fusion, fixation. La distillation est décrite avec soin ; mais cette opération remontait aux alchimistes grecs, comme je l'ai expliqué dans la *Revue*. Nous ne trouvons ici rien d'essentiellement nouveau. L'auteur termine par ces mots : « Ainsi tout est rendu manifeste. »

On voit par ces détails avec quelle précision nous pouvons parler de la chimie d'alors. Sans doute, il y a bien des points qui restent obscurs, bien des opinions erronées ; mais il n'en existait pas moins un fond sérieux de connaissances positives, qu'il est facile de comprendre, en se reportant à l'état des intelligences et à la signification des mots de l'époque. Nous pouvons donc appuyer nos comparaisons et nos raisonnements sur une base solide.

Pour compléter cet exposé de la science chimique arabe, il convient de dire que le traité analysé contient à la suite des recettes d'alliage, de teinture métallique et de transmutation, diverses formules pour le travail des perles et des pierres précieuses artificielles, formules similaires avec celles des alchimistes grecs : Zosime y est même cité. Il y a aussi un petit traité de l'art du verrier, indiquant les procédés pour teindre le verre en couleurs verte, rouge, noire, bleu, jaune citron, etc., et décrivant les fourneaux du verrier. La céramique et la fabrication du verre ont été toujours cultivées en Perse et en Orient.

Ces arts s'étaient d'ailleurs conservés parallèlement en Occident, car les mêmes sujets sont traités dans le manuscrit de Lucques du VIIIe siècle, qui renferme les *Compositiones*, et plus tard dans l'ouvrage du moine Théophile.

Ce n'est pas tout. Dans un autre passage, notre auteur arabe donne des formules pour les flèches incendiaires, les amorces, les pétards et artifices, recettes pareilles à celles du traité arabe de Hassan-al-Rammah, que nous possédons à la Bibliothèque de Paris : elles sont contemporaines des croisades. Le premier texte occidental qui reproduise des formules de ce genre, c'est celui de Marcus Græcus, compilation latine du XIIIe sicèle, traduite de l'arabe. J'ai exposé dans la *Revue*, il y a deux ans, toute cette histoire, en montrant par quelle gradation les projectiles incendiaires des anciens sont devenus à Constantinople le feu grégeois, comment les Arabes ont révélé le secret de ce dernier, comment enfin ses transformations successives ont engendré la poudre à canon.

L'ouvrage arabe que je viens d'analyser peut être regardé comme un type des livres de chimie pratique de l'époque. Il fournit le tableau des matières et des opérations usitées chez les Arabes au XIIIe siècle. Or ces matières, ces opérations sont précisément les mêmes que nous rencontrons dans les traités latins indiqués comme traduits de l'arabe au cours du XIIIe siècle. Tel est, par exemple, le traité de Bubacar, dans le manuscrit 6514 de Paris, dont les descriptions sont semblables et même moins systématiques, n'étant pas assujetties à reproduire perpétuellement le nombre cabalistique sept. Ce traité comprend pareillement la description des substances, partagées en métaux, esprits et pierres, celle des vitriols, aluns, sels, fondants ; puis viennent les appareils et les opérations. Il y avait évidemment un plan général commun à tous les traités de chimie, alors comme aujourd'hui. On trouve ce plan suivi dans l'alchimie latine d'Avicenne et dans une alchimie attribuée tantôt à Rasès, tantôt au pseudo Aristote. Vincent de Beauvais reproduit aussi la plupart de ces faits, en grande partie en copiant les articles de l'alchimie latine d'Avicenne.

Nous devons nous arrêter maintenant à un ordre de composés, non mentionnés jusqu'ici dans le présent article et qui allaient prendre dans la chimie occidentale un rôle prépondérant : je veux parler des acides, des alcalis et des dissolutions métalliques. Déjà entrevus par les Grecs, ils furent étudiés d'une façon plus approfondie par les Arabes, mais sans être isolés par eux d'une façon définitive. Les alchimistes grecs confondaient toutes les liqueurs actives de la chimie sous le nom d'*eaux divines* ou *sulfureuses* ; — le mot grec (θεῖον), signifie les deux choses. Les liqueurs obtenues par filtration ou distillation des mélanges les plus dissemblables recevaient chez eux cette dénomination. Le soufre et les sulfures y entraient d'ailleurs fréquemment comme ingrédients essentiels. À l'origine, dans le papyrus de Leyde, ce nom s'applique à un polysulfure de calcium ; mais chez les auteurs alchimiques, le sens en est plus vague et plus compréhensif. Il embrassait à la fois des liqueurs acides, appelées cependant de préférence *vinaigres*, des liqueurs alcalines, des solutions de sulfures et de sulfarsénites alcalins, capables de teindre superficiellement les métaux, etc. Aussi les passages où le mot d'eau divine figure sont-ils d'une intelligence difficile et parfois impossible, à cause de l'indétermination du sens précis caché sous cette désignation.

Marcellin Berthelot

L'étude des eaux divines se perfectionna dans le cours des temps. Cependant elles ne sont pas décrites en détail dans les traités arabes cités plus haut ; mais il en est fait une mention plus claire dans les traductions arabico-latines. Ainsi le traité de Bubacar renferme un livre sur les *Eaux acides*, qui ont le pouvoir de dissoudre les métaux ; un autre livre sur les *Eaux vénéneuses*, préparations alcalines et ammoniacales, sulfures complexes. Mais toutes ces préparations sont encore bien confuses ; il y entre, comme dans les médicaments de l'époque, des ingrédients multipliés, soumis chacun à des traitements si divers qu'il est souvent difficile d'en préciser la composition véritable, au point de vue moderne.

Dans le *Livre d'Hermès*, autre œuvre du XIIIe siècle, on lit un chapitre sur les *Eaux-fortes*, comprenant le vinaigre, l'urine putréfiée (carbonate d'ammoniaque), les solutions d'alun (sulfates provenant des pyrites), la lessive de cendres traitée par la chaux (potasse caustique), etc. Le *Livre des douze eaux* était célèbre au XIIIe siècle. Dans un manuscrit de cette époque, on trouve mentionnés nominativement les adeptes connus du copiste : ce sont des moines de la Haute-Italie, originaires de Crémone, Brescia, Verceil, Pavie, etc. Ces moines pratiquaient l'alchimie. Or, « Maître Jean, y est-il dit, emploie dans ses opérations le *Livre des douze eaux*, qui occupe deux folios. Richard de Pouille le possède également. » Ce titre a été appliqué d'ailleurs à plusieurs ouvrages distincts. La liste des eaux et préparations qui sont décrites dans les manuscrits ne sont pas identiques, quoique ce soient d'ordinaire des solutions alcalines, acides, sulfureuses, arsenicales, fort compliquées. Mais on était fort éloigné à cette époque de la notion claire et précise de nos liqueurs acides ou alcalines modernes et bien définies.

Voici le tableau général des connaissances chimiques d'alors, d'après les documents exacts qui viennent d'être énumérés :

Dans l'ordre des arts industriels et de la médecine : extraction et purification des produits naturels utilisés, minéraux, résines, huiles, baumes, matières colorantes, etc.

Dans l'ordre de la métallurgie : fusion, coulée, alliage, moulage et travail des métaux, tant pour l'orfèvrerie que pour la construction des armes, des outils et des machines ; purification de l'or et de l'argent, par coupellation et par cémentation avec le soufre, les

II. LES ARABES.

sulfures d'arsenic, d'antimoine, les sels de fer et les sels alcalins ; réaction des métaux sur les composés sulfurés, arsenicaux, antimoniés, mercuriels, en vue de la prétendue transmutation.

Dans l'ordre des fabrications chimiques : préparation des oxydes de plomb (minium, litharge), de cuivre, de fer (ocres, sanguine, etc.), de la céruse, du vert-de-gris, du cinabre, de l'acide arsénieux, des chlorures de mercure ; préparation des métaux en poudre et en feuilles, ainsi que des couleurs minérales et végétales pour les peintres, les miniaturistes, les verriers, les mosaïstes, les céramistes ; enfin teinture des peaux et des étoffes.

Tout cela était déjà connu en gros des chimistes anciens ; mais les préparations avaient été perfectionnées par la pratique dans le cours des siècles. La production des sels, aluns, vitriols, fondants, s'était également développée, et on en définissait avec plus de précision les différentes espèces. Le salpêtre principalement, matière inconnue des anciens, ou plutôt non distinguée par eux, commençait à être fabriqué sur une grande échelle pour les arts de la guerre. La distillation, découverte par les Grecs, s'était répandue, sans changement notable dans les appareils, mais avec un développement sans cesse croissant dans les applications, telles que l'extraction de l'eau de roses et des eaux volatiles, celle des essences de térébenthine et de genièvre, etc. : l'alcool faisait à ce moment son apparition sous le nom « d'eau ardente, » qui s'appliquait aussi aux essences précédentes. Parmi les eaux divines ou eaux-fortes, un certain nombre représentaient des produits distillés, par exemple, les esprits tirés des vitriols au moyen de mélanges de matières multiples qui donnaient naissance à des liqueurs également complexes.

Il y avait là des progrès considérables, par rapport aux connaissances des anciens, progrès dans lesquels il n'est pas facile de faire une part distincte aux travaux des praticiens occidentaux antérieurs et à ceux des Arabes et de leurs disciples, les deux traditions s'étant confondues au moment des croisades.

Mais c'est à tort que l'on a prétendu faire remonter, soit aux Arabes, soit aux auteurs des XIIe et XIIIe siècles, la connaissance précise de nos acides sulfurique, chlorhydrique, azotique et de leurs sels métalliques bien définis. Les préparations confuses et

Marcellin Berthelot

compliquées d'alors n'ont été débrouillées en réalité que plus tard, dans l'Occident latin, pendant le cours des XIVe et XVe siècles. Si on a cru rencontrer les produits définis de la chimie moderne dans des traités plus anciens, c'est par suite de fausses attributions, d'une intelligence imparfaite des textes, enfin en raison d'interpolations de date plus récente, faites du XIVe au XVIe siècle. Dans l'alchimie du pseudo Aristote, par exemple, à la suite d'un grand nombre d'articles, on distingue à première vue plusieurs groupes d'additions successives, ajoutées évidemment, de siècle en siècle, par les copistes qui voulaient tenir le manuel au courant. Or, ces additions manquent dans les plus anciens manuscrits.

Puissent les développements que je viens de présenter laisser dans l'esprit du lecteur une idée plus exacte de la marche de la science chimique pendant le cours des âges, depuis ses origines gréco-égyptiennes jusqu'au temps de la première renaissance des études, en France et en Europe, vers le temps de saint Louis ! Cette marche a été parallèle à celle des autres sciences : l'esprit humain procède à une même époque suivant des voies analogues dans les divers ordres. Fondée sous une forme rationnelle, mais avec quelque mélange de chimères, par les Alexandrins, la science ou plutôt la pratique chimique a subsisté pendant les âges barbares, en Orient comme en Occident, à cause des nécessités industrielles. Cependant son évolution théorique a repris d'abord chez les Arabes, disciples des Syriens, qui avaient reçu eux-mêmes la doctrine des Grecs ; les idées des anciens, modifiées par les Arabes, ont été réintroduites par eux dans le monde latin, aux XIIe et XIIIe siècles. Elles y ont pris un essor nouveau, qui s'est poursuivi sans interruption jusqu'à notre temps, où elles ont revêtu une forme absolument scientifique. Mais ce résultat n'a pas été acquis du premier coup : les hommes se dépouillent difficilement de leurs chimères et de leurs espérances, surtout quand elles sont associées à des conceptions mystiques.

L'appât de la richesse, la prétention décevante de fabriquer de toutes pièces les métaux précieux, ont continué, pendant tout le moyen âge, à détourner les esprits de la science pure et à les maintenir dans une voie où la recherche scientifique côtoyait sans cesse l'illusion, le charlatanisme et même l'escroquerie. C'est ainsi que l'alchimie a poursuivi son cours, s'enrichissant sans cesse de faits et de doctrines nouvelles, jusqu'au jour où la clarté définitive

II. LES ARABES.

s'est faite tout d'un coup, le système véritable qui préside aux métamorphoses de la matière ayant été découvert par Lavoisier. Ce jour-là, la connaissance de la constitution de la matière a fait un pas que nulle déduction purement logique n'aurait pu accomplir, et elle est sortie du cadre des conceptions antiques. Les vieux éléments, réputés jusqu'alors des êtres véritables, ont passé dans la catégorie des phénomènes, et la métaphysique d'autrefois en a été profondément troublée. Une science à la fois antique et moderne, la chimie, a pris dans l'ensemble des connaissances rationnelles une place que les doctrines suspectes dont elle était mélangée lui avaient fait jusque-là contester. Mais c'est à tort que les savants de la fin du XVIIIe siècle, dans l'enthousiasme de leur triomphe, ont cru pouvoir faire table rase, en chimie comme ailleurs, des opinions et des faits acceptés avant eux. C'est là une prétention qui s'est d'ailleurs reproduite plus d'une fois en chimie, même de notre temps ; prétention injuste et illusoire, parce qu'elle méconnaît à la fois la continuité et la faiblesse de l'esprit humain. Ce n'est que par des efforts graduels et incessants, en traversant bien des mécomptes, des erreurs et des préjugés, qu'il parvient à la connaissance de la vérité. Aujourd'hui, nous pouvons juger les choses avec plus d'impartialité, et le moment est venu de restituer à l'histoire de la civilisation les longs travaux de nos prédécesseurs et d'apprécier les services qu'ils ont rendus à la fois aux arts pratiques et à la philosophie naturelle.

Fin

ISBN : 978-1535580946

Marcellin Berthelot

www.ingramcontent.com/pod-product-compliance
Lightning Source LLC
Chambersburg PA
CBHW070337190526
45169CB00005B/1938